DD51形　輝ける巨人
〜定期運用最後の舞台は名古屋近郊〜

文・写真　徳田耕一

うっすらと雪化粧した朝、北海道から移籍した旋回窓の
DD51 1147（愛）が牽引するコンテナ列車がやってきた
関西本線八田〜春田間（伏屋信号場跡）　平成30年1
月25日

JN205950

DD 51 形　輝ける巨人
～定期運用最後の舞台は名古屋近郊～

CONTENTS

はじめに
"朱色の油機" DD51形 ……………………………………………………………… 4
　定期運用最後の舞台は名古屋近郊

graph
国鉄色が輝いた"朱色の油機"の名場面 …………………………………………… 6

prologue
DD51形 液体式ディーゼル機関車の概要 ……………………………………… 14

東海道本線　稲沢 ……………………………………………………………………… 22
東海道本線　清洲 ……………………………………………………………………… 30
東海道本線　五条川信号場 ………………………………………………………… 34
東海道本線、東海交通事業城北線　枇杷島 ……………………………………… 36
東海道本線、名古屋臨海高速鉄道西名古屋港線ほか　名古屋 ……………… 48
名古屋臨海高速鉄道西名古屋港線　ささしまライブ ………………………… 52
関西本線、名古屋臨海高速鉄道西名古屋港線　笹島信号場 ………………… 56
西名古屋港線　今昔 ………………………………………………………………… 58
関西本線、名古屋市交通局東山線　八田 ……………………………………… 62
関西本線　春田 ……………………………………………………………………… 68
関西本線　蟹江 ……………………………………………………………………… 70
関西本線　永和 ……………………………………………………………………… 80
関西本線　白鳥信号場 ……………………………………………………………… 82
関西本線、名古屋鉄道尾西線　弥富 ……………………………………………… 88
関西本線　長島 ……………………………………………………………………… 92
関西本線、近畿日本鉄道名古屋線、養老鉄道養老線　桑名 ………………… 94
関西本線　朝明信号場 ……………………………………………………………… 98
関西本線　朝日 ……………………………………………………………………… 100
関西本線、三岐鉄道三岐線（貨物線）　富田 ………………………………… 102
関西本線　富田浜 …………………………………………………………………… 104
関西本線　四日市 …………………………………………………………………… 106
関西本線　四日市駅構内側線　"四日市港線" ………………………………… 112
関西本線　貨物支線"塩浜線"、近畿日本鉄道名古屋線　塩浜 ……………… 118

稲沢第一機関区〜愛知機関区
　ＤＤ51形関連半世紀の動向 ……………………………………… 122
2019（平成31）年3月16日現在
　愛知機関区ＤＤ51形配置車のデータ ……………………… 128
"山陰迂回貨物"健闘の記録 ……………………………………… 130
ＤＤ51形　未練！ ………………………………………………… 141
新旧名優の"特別ショー"
　ベテランＤＤ51形と新鋭ＤＦ200形の変則重連が実現！ ……… 148

🦶 駅界隈を歩く

稲沢 ………………………………………………………………… 24
清洲 ………………………………………………………………… 32
枇杷島 ……………………………………………………………… 38
名古屋 ……………………………………………………………… 51
ささしまライブ …………………………………………………… 55
八田 ………………………………………………………………… 54
春田 ………………………………………………………………… 69
蟹江 ………………………………………………………………… 73
永和 ………………………………………………………………… 81
弥富 ………………………………………………………………… 91
長島 ………………………………………………………………… 93
桑名 ………………………………………………………………… 97
朝明信号場 ………………………………………………………… 99
朝日 ……………………………………………………………… 101
富田 ……………………………………………………………… 103
富田浜 …………………………………………………………… 105
四日市 …………………………………………………………… 111
千歳運河 ………………………………………………………… 116
塩浜駅 …………………………………………………………… 121

🌀 撮影ポイント

枇杷島橋界隈 ……………………………………… 40
伏屋信号場跡界隈 ………………………………… 66
"朱色の油機"が輝いた蟹江の美景 ……………… 74
白鳥信号場 ………………………………………… 83
浜田踏切付近 ……………………………………… 111

あとがき …………………………………… 151

稲沢貨物駅を発車したＤＤ51 1801（愛）牽引の
四日市行き石油列車（油タキ返空）　平成31年1
月7日

"朱色の油機" DD51形
定期運用最後の舞台は名古屋近郊

国産初の本線用液体式の大型機

　ＤＤ51形ディーゼル機関車。国鉄は動力近代化を推進するため1962（昭和37）年、その試作車を開発。国産初の本線用液体式変速方式の大型機で、翌年には量産車が登場。その後は増備が続き、1977（昭和52）年度までに総勢649両が製造された。最盛期には四国を除く全国の亜幹線非電化区間で大活躍したが、電化区間の拡大や機関車牽引列車の減少などで活躍の舞台は徐々に狭められていった。

　1987（昭和62）年の国鉄分割民営化で、ＪＲ各社に継承されたのは半分以下の259両。その後も同様の状況が続き、気がついてみると令和時代に本線定期運用が残るのは、ＪＲ貨物の愛知機関区が受け持つ名古屋近郊の関西本線 "四日市貨物" などが有数の舞台となった。

ＤＤ51形の
名古屋地区導入は昭和41年

　愛知機関区の前身、稲沢第一機関区（稲一区）にＤＤ51形が配置されたのは1966（昭和41）年のこと。中央本線（西線）名古屋〜塩尻間で運用するため、盛岡機関区から転属してきた０番代５両（46〜50号機）で、これが名古屋地区初登場であった。

　1966年７月１日の中央本線（西線）名古屋〜瑞浪間の複線電化開業に伴い、機関車牽引列車は原則、稲沢・名古屋〜多治見間はＥＬ（電気機関車）＝ＥＦ60形、多治見以北が

善太川橋梁を渡るＤＤ51形重連が牽引する上り石油列車。先頭は愛知機関区で最後の国鉄色だったＤＤ51 853号機　関西本線白鳥（信）〜永和　平成29年1月26日

SL（蒸気機関車）＝D51形の牽引となり、多治見では機関車の付け替えを行なった。しかし、客車列車の一部にはDD51形を投入、名古屋〜塩尻間のロングラン運用もでき多治見以北も直通し、旅客列車の無煙化を推進した。以後、DD51形は美濃太田機関区にも配置され高山本線へ、稲一区の同機は関西本線などへも進出していった。

昔は"目の敵"、今は"鉄友"

昭和40年代半ば以降、DD51形は無煙化の使者として蒸気機関車（SL）との主役交代を果たした。しかし、当時は空前のSLブーム。SLファンからは白眼視され、カメラを持ちSLを狙って長時間待った末にはDD51形が現れ、当時の"鉄"をがっかりさせた。

事実、青春時代の筆者もその1人だったが、その"目の敵"も時代の流れとともに社会に定着。その活躍は団塊の世代の"熟年鉄"が社会で生業を頑張った期間とほぼ同じで、日本の鉄道を支えた功績は親しみに変わり、貴重な国鉄型車両として惜しまれる存在となった。それは昭和のすばらしい鉄道文化であり、今は"鉄友"と申しても過言ではない。

愛知機関区の現役組も風前の灯

JR貨物のDD51形は、大宮車両所で2015（平成27）年5月29日付けで全般検査を受けたDD51 1801号機を最後に同型の全般検査を打ち切り、車検切れ車両から廃車が加速した。

『鉄道ダイヤ情報2017年8月号』によれば同年3月1日現在、愛知機関区には17両のDD51形が配置されていたが、老朽化で休車・廃車が進む。後継機として北海道の五稜郭機関区から電気式で最新鋭のDF200形が転属。100番代を防音強化改造、ATSをPF型に変更した200番代が2018（平成30）年

2月1日から活躍を開始した。DF200形は同年6月までに4両が出揃い、注目の重連運用の石油輸送は、2018（平成30）年7月までにDF200形の単機牽引に変わった。

道産子DF200形との共演も見逃せない

愛知機関区は現在、晩年の活躍が毎日見られるDD51形の"最後の砦"である。運用区間は、東海道本線の貨物線の"稲沢線"稲沢〜名古屋間、関西本線の名古屋〜四日市間（名古屋駅構内は名古屋臨海高速鉄道"あおなみ線"経由）、四日市駅構内側線の"塩浜線"四日市〜塩浜間などに限られる。2019（平成31）年3月16日ダイヤ改正以降、DD51形の稼動車は数両に減り、定期運用はコンテナ輸送とタンク車の返却輸送。特例を除き単機牽引で、その活躍は風前の灯である。

ちなみに、道産子DF200形の一部が新仕様で愛知機関区に移ったが、石油列車のタンク車を牽引して走るシーンも迫力がある。同改正ではDD51形との変則重連も出現、両機の共演は主役交代の過渡期として見逃せない。

本書では、「DD51形 定期運用最後の舞台」となった名古屋近郊の該当各線の各駅・信号場付近で撮影した近年の名場面と、界隈の歴史や交通・観光文化などをピンポイントで紹介する"鉄ぶら観る旅"にまとめた。巻頭では国鉄色が輝いた幻のDD51形三重連・四重連を特集したが、その迫力ある勇姿に往時を回顧していただこう。巻末では誌面の許す範囲で「平成30年7月豪雨」の山陽本線寸断による山陰本線"迂回貨物"にも着目。日本海の美景がバックの山陰本線、山紫水明の山口線など、被災復興の応援に駆けつけた愛知機関区のDD51形が演じた奇跡の任務は、名機の晩年を飾る"大舞台"となった。

それではDD51形最後の健闘を応援しながら、頁をめくっていただければ光栄である。

DD51形の三重連で牽引するコンテナ列車。臨貨9571レ。東海道本線 "稲沢線" 名古屋～枇杷島 平成3年5月31日

国鉄色が輝いた
"朱色の油機" の名場面

●名古屋の朝の活力だった"稲沢線"（東海道本線の貨物線）の三重連、四重連

　平成時代初頭、名古屋貨物ターミナルがまだ非電化だったころ、稲沢～名古屋貨物ターミナル間の貨物列車は稲沢機関区のDD51形、DE10形が牽引していた。同区間には機関車の単機回送もあり、運用の都合でDD51形を3両連結した"三重連単機"、同4両連結の"四重連単機"も出現したのである。

　その"三重連単機"は1991（平成3）年4月1日から時々、臨時コンテナ列車を牽引。同列車は同年8月1日から、運用の都合で

DD51形1両をDE10形2両に置き換え、DD51形2両＋DE10形2両の変則四重連に変更される日もあった。そして、この変則四重連でコンテナ列車を牽引するシーンも実現し、当時のファンを踊躍させた。しかし、同年9月下旬には他区よりDD51形が転入、機関車運用に余裕ができたため、DD51形の三重連に戻されてしまった。

　JR名古屋駅のホームでは、東海道新幹線14番、在来線（関西本線）13番のりばからその走行シーンが見られ、その迫力ある勇姿は名古屋の朝の活力であり、国鉄色が輝く"朱色の油機"の往年の名場面でもあった。

名古屋駅新幹線ホームの東側は非電化の"稲沢線"が通る。ＤＤ51形の三重連は新幹線の車窓からも見えた。停車中は２階建て車両連結の上り100系「ひかり」 平成３年６月24日

国鉄色が輝くＤＤ51形三重連の勇姿
東海道本線"稲沢線"名古屋〜枇杷島
平成４年５月４日

庄内川橋梁への上り勾配に挑むＤＤ51形三重連 東海道本線 "稲沢線" 名古屋〜枇杷島 平成３年５月30日

ＤＤ51形２両＋ＤＥ10形２両の変則四重連で
牽引するコンテナ列車、臨貨9571レ、変則四
重連は約２カ月間の短命だった　東海道本線
"稲沢線"　名古屋〜枇杷島　平成３年８月17日

国鉄色ＤＤ51形の四重連単機は回送ながらも重
厚感と迫力があった　平成４年５月12日

ＤＤ51形四重連単機と新
幹線100系のツーショット
平成４年５月４日

庄内川橋梁を渡るＤＤ51形四重連単機
をサイドから撮る　平成４年５月25日

ＤＤ51形の重連単機は毎日見られた。東海道新
幹線０系との"並走"も懐かしい　庄内川橋梁で
平成４年５月12日＝東海道本線"稲沢線"名古
屋～枇杷島　(2枚とも)

11

"米野の大鉄橋" こと向野橋か
ら写した関西本線下り普通列車。
名古屋客貨車区の脇をＤＤ51
形が7両の客車を牽引し亀山へ
向かう　関西本線名古屋〜笹島
（信）　昭和57年5月16日

"尾張の潮来" こと水郷＝蟹江
付近をＤＤ51形牽引の下り客
車列車がノンビリ走る　関西本
線蟹江〜永和　昭和55年10月
10日

関西本線の客車列車は昭和44年10月1日改正でＤＬ化。乗務員の習熟運転を兼ねＳＬ＝Ｃ57形の前にＤＤ51形を連結した上り普通列車　関西本線加佐登　昭和44年9月21日

沿線を彩る菜の花を眺めながら電化工事中の関西本線を走るＤＤ51形牽引のコンテナ列車　関西本線永和〜弥富（現：白鳥信号場付近）昭和57年4月24日

●ローカルムードが漂いＤＤ51形が主役だった関西本線名古屋口

関西本線名古屋〜亀山間は、名古屋の近郊路線ながらも長らく単線・非電化で、ローカルムードが漂っていた。旅客列車の多くも1982（昭和57）年5月17日の亀山電化前までは、ＤＤ51形が牽引する客車列車が主役。貨物列車は電化後もＤＤ51形の活躍が続き、大都会のエアポケットの中を走る"朱色の油機"には愛嬌があった。

DD51形 液体式
ディーゼル機関車の概要

関西本線名古屋～亀山間では昭和57年の電化直前までＤＤ51形500番代牽引の客車列車が走っていた。ＤＤ51 667（名）＋客車9両　関西本線加佐登～井田川　昭和44年9月21日

国産の技術のみで
開発された液体式大型機

　昭和30年代半ば、国鉄は幹線系でも非電化区間が多く、その主役は蒸気機関車（ＳＬ）で、客貨両用のＤ51形はその代表だった。当時の日本は急高度成長期で、国鉄は1960（昭和35）年に動力近代化に着手。主要幹線は電化、亜幹線は原則ディーゼル化して無煙化を図ることにした。

　それまで国鉄は、ディーゼル機関車の動力伝達方式を大馬力エンジン搭載の長距離用は電気式（代表形式はＤＦ50形）、小馬力のそれは液体式（同ＤＤ13形）を概念としていた。

　しかし、電気式は重量が重くコストも割高、液体式は軽量かつコストパフォーマンスに優れるというメリットがある。そこで大馬力エンジンとリンクできる液体変速機（トルクコンバータ）が開発され1962（昭和37）年、ＳＬ＝Ｄ51形並みの牽引力と、急行用旅客機Ｃ61形に匹敵するスピード（最大運転速度＝時速95㎞）が期待できる液体式ディーゼル機関車（ＤＬ）を国産技術のみで開発した。

　それがＤＤ51形で、1号機（日立製）の落成は同年3月31日、秋田機関区に配置され奥羽本線などで活躍。以後、1978（昭和53）年3月23日に落成した1805機（三菱製）まで16

量産先行車のＤＤ51形１号機は、新製当初の茶系の塗装に戻され「碓氷峠鉄道文化むら」に保存展示中　平成31年４月１日

量産化改造され塗装変更後のＤＤ51形１号機。釜石線の貨物列車の先頭に立ち発車を待つ　東北本線花巻　昭和43年２月７日　写真：塚本雅啓

年間に亘り増備され、総勢649両の仲間には製作次数、予算（債務）・名義により多彩なバリエーションが生まれた。まずはその礎となった量産先行試作車＝１号機の概要を整理してみよう。

　エンジンは入換・小運転用の液体式ＤＤ13形の後期形で、技術的な信頼を得ていた500ps直列６気筒ＤＭＦ31ＳＢ型をベースにＶ型12気筒化し、ターボチャージャー（過給機）を加え、1000psのＤＭＬ61Ｓ型とし、これを１機あたり２基搭載し2000psを確保した。そして、幹線用の大型機ながらも新開発の軽量かつ大容量の液体変速機ＤＷ２型を採用。

同機は低速・中速・高速のトルクコンバータと充排油機能により、速度は自動制御（逆転機内蔵）できる。軸配置はＢ－２－Ｂで、動力用の台車は両側がＤＴ113Ｂ形、中間には基礎ブレーキを省略（548号機以降は装備）した付随台車のＴＲ101形を履いた。

　スタイルは本線用の大型機ながらもセンターキャブタイプを採用、車長18mの凸型機となった。運転台は同じ凸型のＤＤ13形が線路方向、すなわち進行方向に直角配置だが、ＤＤ51形では長距離仕業を考慮し枕木方向に配置。キャブの前後には主要装置（エンジン・過給機・液体変速器・冷却装置など）を並べた。しかし、カバーこそあるものの実用本位で、重厚感を抱かせる設計はコストダウンにも成功。この施策は当時の国鉄の台所事情を物語っていた。

　なお、１号機はのち２次車並みの量産化改造を受け車体塗色も同様に変更。のちに1986（昭和61）年３月末の廃車後は、登場時の塗装（茶系＜ぶどう色２号＞に白帯）に戻され、現在はＪＲ東日本の横川駅に隣接する「碓氷峠鉄道文化むら」で保存展示中である。

多彩なバリエーション

●非重連タイプ（０番代＝１〜53・ＳＧ付き、総括制御不可）

　1962（昭和37）年製は量産先行車で、①１号機（新製時、秋田区配置）は運転室の屋根が丸みを帯び、車体塗色も茶系だった。

　1963（昭和38）年製の②２〜４号機（同、盛岡機関区配置）は量産車最初の仲間で、走行機器を改良し車体形状や塗色を変更。外観的には丸みが消え、キャブの屋根には前後に庇を追加、前照灯は角型ボックスに納め、車体塗色は朱色に白帯、ボンネットと屋根は灰色でまとめ、新型ＤＬの標準色とした。

　1964（昭和39）年５〜６月製の③５〜19号

0番代は非重連タイプ。量産車の第2次車からは車体を一新し新塗装化。名古屋地区には第6次車5両が昭和41年に盛岡から稲沢一区に転属し中央本線で活躍。写真は第6次車DD51 47（稲一）、中央本線藪原〜奈良井　昭和41年8月6日　写真：加藤弘行

機では、中間の付随台車を空気ばね化、床下の燃料タンクを3000ℓから4000ℓに増大するなどの改良が加えられた。燃料タンクはのち、1〜4号機には700ℓのそれを1両あたり2つ増設し4400ℓとした。1964年製でも10〜12月登場の④20〜27号機からは、エンジンに吸気冷却器（インタークーラー）を設け、出力を100psアップの1100psとしたDML61Zに変更、これを2基搭載し機関車1両あたりの連続定格出力は2200psにアップした。

　以後、1965（昭和40）年7〜8月製の⑤28〜43号機からは、高速度検知装置を付加したブレーキ増圧方式を採用。1965年12月〜1966（昭和41）年1月製の⑥44〜53号機からは、タイヤの緩み防止を図るため、動輪をスポーク輪心から箱型輪心に変更するなどの改良を施工。このほか1号機ものち、2〜4号機並みの量産化改造を受け、1966年には1〜19号機も20号機以降と同じDML61Z型エンジンに換装するなどの改造を受けている。

　ちなみに名古屋地区への投入は、新製車こそなかったが、1966（昭和41）年3〜5月に盛岡機関区から転属し、稲沢第一機関区に配置された5両（46〜50号機）が最初である。

●半重連タイプ（500番代＝501〜592、SG付き＜587〜592は無＞、総括制御可）

　1966（昭和41）年製でも3〜5月に登場した⑦501〜520号機からは、重連総括制御を採用し番代区分が500番代となる。動力のみを総括制御する「半重連形」で、単独ブレーキ弁（単弁）は先頭の本務機のみ動作するタイプ。しかし、連結器の隣にはジャンパ栓やMR管、前面デッキ柵の中にはジャンパ栓収納掛などが付加され、前面は賑やかになった。

　このタイプは1966年7〜8月に⑧521〜530号機、同年11月〜翌1967年3月に⑨531〜547号機、1967年3〜7月に⑩548〜576号機、1967年11月〜1968年1月に⑪577〜592号機を増備。いずれも続番だがグループごとに種々改良が加わり細部は異なっている。

　なお、548号機以降は中間台車にも基礎ブレーキを設置したため、燃料タンクの容量が4000ℓに減少した。1967年12月〜1968年1月製のうちの6両（⑪587〜592号機）は、貨物用の試作機（新製時、美濃太田機関区配置）としたため、暖房用蒸気発生装置（SG）は設置されず準備工事のみにとどまった。

　名古屋地区では1967〜1968年に12両（554〜559、587〜592号機）の新製車が美濃太田

500番代の第7〜11次車は動力のみを総括制御する半重連形。554号機は第10次車だが、500番代新製車の名古屋地区投入第1号で美濃太田区に配置　高山本線高山　昭和44年10月1日

機関区に配置されたのである。

●全重連タイプ（500番代＝593 ～ 799・1001 ～ 1193、ＳＧ付き、総括制御可）（800番代・801 ～ 899・1801 ～ 1805、ＳＧ無し、総括制御可）

1968（昭和43）年2～3月に登場した500番代⑫593～605号機からは、単弁にもブレーキ制御を指令可能な釣合管（ＥＱ管）も連結できるタイプとなり、補機でも単弁が動作可能な「全重連形」となる。前面は釣合管が左右に付き、ＳＧホース掛がジャンパ栓受けの逆側に付くなど、さらに賑やかで力強い面構えとなった。1968年製には6～8月に500番代⑬前期組（昭和42年度第2次債務）606～618号機。さらには貨物専用機と位置づけ、ＳＧ関係機器を完全に省略した800番代⑬前期組（同）801～807号機も5～8月に登場。なお、800番代も前述のごとく燃料タンクの容量が4000ℓに減少した。

いっぽう、1968年8～9月登場の500番代⑬後期（同年度第3次債務）619～628号機からは、従来の北海道用、寒地用、一般用の3仕様を見直し、投入路線に応じてＡ寒地用（北海道・東北地域＜磐越西線は北部＞・高山本線）、Ｂ寒地用（磐越東線・中央本線・篠ノ井線・播但線・山陰本線・福知山線・伯備線など）、一般用（暖地向け）の3区分とした。なお、スノープラウの形状は原則、従来の寒地用で統一することに改められた。

その後も「全重連形」の500番代（ＳＧ付き客貨両用）、800番代（ＳＧ無し貨物専用）の増備は続いたが、これまでどおり製作年度の予算、グループごとに改良が加えられている。そして、1972（昭和47）年9月に500番代の799号機が登場すると、続番は800番代と重複する。その苦肉の策は、1972年10月の新製車より試作車に付与する900番代を飛び越えた1001号車が登場。つまり、500番代799号車の次は1001号車に続き、番代区分の1000番代は存在しないのである。識別としては、1001号車からナンバープレートが切り文字タイプからブロックタイプに変わった点がある。

1972（昭和47）年～1973（昭和48）年に製造された500番代1010～1031号車、800番代855～865号車（以上、昭和47年度民有車）からは、運転台に扇風機を新設。運転室の屋根にはそのカバーが飛び出たが、カバーの形状は500番代と800番代では異なる。なお、800番代も855号車からはブロックナンバープレートを採用した。両番代はさらに増備が続いたが、1977（昭和52）年9月に新製された

500番代の第12次車からは補機でも単弁ブレーキが動作可能な全重連形となる。第13次車後期組Ｂ寒地仕様のＤＤ51 627（稲一）牽引の中央本線下り普通　中央本線名古屋　昭和43年10月1日

全重連形には第13次車前期組からＳＧ無しの貨物用800番代も登場。名古屋地区へは昭和45年に稲一区へ5両（822 ～ 826）配置。同823号機　昭和45年9月5日

ＤＤ51形の"大トリ"は800番代の1805号機。勇退まで国鉄カラーの原色を踏襲し活躍した　関西本線白鳥（信）〜弥富　平成27年8月14日

1193号車（福知山機関区配置）が、500番代の最終増備車となっている。

いっぽう、1978（昭和53）年2〜3月には、成田空港（新東京国際空港）へのジェット燃料輸送に対応するため、昭和52年度の本予算で800番代を8両新製し佐倉機関区に配置。このグループは800番代の最終増備車で、ナンバーは1975（昭和50）年に新製された896号機（稲沢一区配置）からの続番だが、897〜899号機の次は何と1801〜1805号機になったのである。これは900番以降が試作車に付与する900番代と重複するための措置で、番代区分の1800番代は存在しない。この8両には成田空港パイプライン完成後の転属を考慮し、貨物用ながらもＳＧ設置の準備工事を施工。しかし、他区へ転属後もＳＧ設置は見送られた。ちなみに、ラストナンバーの1805号機（三菱製）がＤＤ51形の"大トリ"である。

名古屋地区への新製車の投入は、500番代が1968（昭和43）年8月に稲沢第一機関区へ2両（627・628号機）、美濃太田機関区に1両（629号機）。800番代は1970（昭和45）年7〜9月に5両（822〜826号機）を稲沢第一機関区に配置されたのが最初。以後、新製車・転属車の転配が続く。

国鉄分割民営化とＤＤ51形

1987（昭和62）年4月1日の国鉄分割民営化で、ＤＤ51形はＪＲ北海道へ25両、ＪＲ東日本へ29両、ＪＲ東海へ4両、ＪＲ西日本へ63両、ＪＲ九州へ1両、ＪＲ貨物へ137両、合計259両が承継された。なお、非重連タイプの0番代は国鉄時代に全車廃車となり、ＪＲへの継承車はない。

名古屋地区の話題としては国鉄時代末期の1985（昭和60）年、名古屋鉄道管理局に登場した欧風客車「ユーロライナー」の初代牽引機として、ＤＬでは稲沢第一機関区の592号機を抜擢。客車と同じ塗装を施し活躍したが、民営化直前の1987年2月に廃車。代替として

半重連タイプの最終増備機、ＳＧ準備工事のみのＤＤ51 592号機は国鉄名鉄局の「ユーロライナー」牽引機に抜擢。客車と同じ塗装となる　稲沢第一機関区（当時）　昭和60年7月25日

ＤＤ51 749号機はＪＲ東海に承継され国鉄カラーのまま活躍した。樽見鉄道直通の臨時快速「ナイスホリデー淡墨桜」の14系客車を牽引する同機　東海道本線名古屋〜枇杷島　平成10年4月19日

1037号機がユーロ塗装となり、同機を含め一般塗装の749・791・821号機をＪＲ東海が承継した。この４両は管内の非電化区間を中心に、臨時列車などの牽引をメインに活躍。1999（平成11）年12月に1037号機が廃車になると、791号機がユーロ塗装化され、ユーロライナー引退まで歩を共にした。

　その後、ＪＲ各社でもＤＤ51形の廃車は進み、ＪＲ北海道、ＪＲ東海、ＪＲ九州に所属していた仲間は全廃。2019（平成31）年３月現在、ＪＲ東日本の高崎車両センター高崎支所に４両、ＪＲ西日本は網干総合車両所宮原支所の５両と後藤総合車両所の２両、下関総合車両所運用検修センターの１両、ＪＲ貨物の愛知機関区に12両の配置（126 ～ 129ペー

ジ参照）。このうちＪＲ東日本とＪＲ西日本所属車に定期運用はなく、臨時列車や工事列車などの波動用。定期運用はＪＲ貨物の愛知機関区配置車のみに残存する。

ＪＲ貨物は更新工事で延命を図る

　ＤＤ51形は老朽化が進んでいたが、ＪＲ貨物は後継機として1992（平成４）年に電気式のＤＦ200形を開発、北海道地区へ投入した。強力形で最高時速110kmが出せる新鋭機だが、投入計画の長期化が予想され、かつ貨物列車の削減による採算性などを考慮し、既存のＤＤ51形も更新工事による延命措置を図ることになった。

　トップをきったのは北海道支社鷲別機関区

ＪＲ貨物北海道支社で施工した更新工事ＢではエンジンをＤＦ200形と同系統のコマツ製に換装。ＤＤ51 1150（五）函館本線札幌貨物ターミナル　平成26年９月18日　写真：奥野和弘

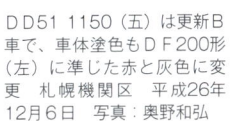

ＤＤ51 1150（五）は更新Ｂ車で、車体塗色もＤＦ200形（左）に準じた赤と灰色に変更　札幌機関区　平成26年12月6日　写真：奥野和弘

の1087号機で、エンジンの直噴化を試み1990（平成2）年〜1992（平成4）年まで、コマツ・新潟の2社により長期現車試験を実施。結果はＤＦ200形と同系統のコマツ製ＳＡ12Ｖ170－1型（1500ps/2000rpm）を換装することになり、「更新工事Ｂ」（更新Ｂ車）として2001（平成13）年まで鷲別機関区配置車の一部で施工。更新Ｂ車は車体塗色をＤＦ200形に準じた赤と灰色に変更された。

いっぽう、2002（平成14）年以降は工事内容を見直し、エンジンは既設のＤＭＬ61Ｚ型を活用整備し、燃料噴射装置やピストンなどの主要パーツ、制御部品の配線やブレーキ系統の配管などを交換する「更新工事Ａ」（更

新Ａ車）に変更。同更新は本州でも実施（トップは稲沢第一機関区の856号機）したが、更新後の車体塗色も青に白帯、前面は点検扉のみクリーム色をまとった。しかし、このカラーは夜間に見づらく、2004（平成16）年からは朱色をベースに腰部と屋根は灰色、窓まわりを黒でしめ、その境には白帯を配した新塗装に変更。運転室側下には「ＪＲＦ」のロゴも描かれ、垢抜けしたデザインは若返ったイメージを抱かせた。

なお、更新Ａ車の青色塗装（初期更新車）ものち、全検時に朱色系新塗装に変更された。愛知機関区に配置されている最後の現役組は全車、「更新工事Ａ」施工車である。

更新工事Ａ施工車は当初、青に白帯、前面は点検扉にクリームを配した新塗装をまとったＤＤ51 890（愛）東海道本線清洲　平成21年5月17日　写真：加古卓也

平成16年以降の更新工事Ａでは車体塗色を見直し朱色系の新塗装に変更。ＤＤ51 1804（愛）＋ＤＤ51 1802（愛）牽引の上り石油列車　関西本線白鳥（信）〜永和　平成29年1月20日

■DD51形（量産機）機器配置図

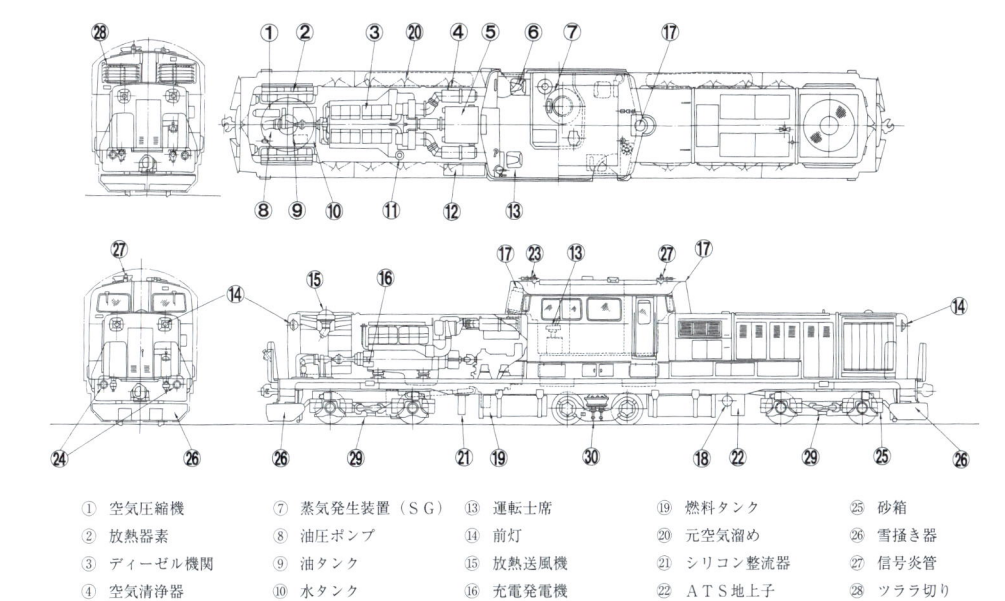

① 空気圧縮機	⑦ 蒸気発生装置（SG）	⑬ 運転士席	⑲ 燃料タンク	㉕ 砂箱
② 放熱器素	⑧ 油圧ポンプ	⑭ 前灯	⑳ 元空気溜め	㉖ 雪掻き器
③ ディーゼル機関	⑨ 油タンク	⑮ 放熱送風機	㉑ シリコン整流器	㉗ 信号炎管
④ 空気清浄器	⑩ 水タンク	⑯ 充電発電機	㉒ ＡＴＳ地上子	㉘ ツララ切り
⑤ 液体変速機	⑪ 燃料補助タンク	⑰ 排気塔（煙突）	㉓ 笛	㉙ DT113B台車
⑥ 助士席	⑫ 蓄電池	⑱ 制御空気溜め	㉔ 標識灯	㉚ TR101A台車

夕日を浴び朱色の機体が映える水鏡が美しいＤＤ51形のサイドビュー　関西本線白鳥（信）〜永和間　令和元年5月10日

JR東海・JR貨物
稲沢（いなざわ）

場所 愛知県稲沢市駅前1丁目9−1　　**開業** 1904（明治37）年8月5日

JR東海稲沢駅の駅名標、稲沢はDD51形が出迎えてくれる駅かも……

●構内延長5.85km、昔も今も鉄道貨物の運行拠点

　稲沢市は植木や苗木の産地として全国的にも名高いが、鉄道貨物の基地があることで知られる「鉄道の町」である。昔は国鉄の大きな貨車操車場があったが、今はJR貨物の愛知機関区と貨物駅がそれを承継している。

　JR東海道本線の稲沢駅は市の代表駅だが市街東部に位置し、旅客列車の停車種別は原則「普通」のみ。市街中心部へは名鉄名古屋本線の「快速特急」も停まる国府宮駅が便利だが、両社とも名古屋へは約10分。稲沢駅に

も平日の朝夕は一部の快速が停車し、JR沿線も名古屋のベッドタウンとして人気上昇中。

　ところで、東海道本線の名古屋〜稲沢間は"稲沢線"と呼ばれる貨物線が並行し、名古屋都市圏のJRでは唯一の複々線区間だ。施設は第一種鉄道事業者のJR東海が所有しているが、稲沢駅はJR東海と第二種鉄道事業者のJR貨物に所属し、旅客駅と貨物駅を併設する。同駅は延長5.85km、最大幅160m、敷地面積21万6000㎡という広大な構内を誇るが、国鉄時代は前述のごとく稲沢第一機関区と貨車操車場も併設し、さらに広かった。

稲沢駅西口は「鉄道の町」の玄関、橋上駅舎の旅客駅はドーム状の膜屋根が自慢。隣はJR貨物東海支社 平成30年12月29日

稲沢の貨物駅の南（東）端近く、大垣街道踏切の近くには郷愁を誘う古風な民家が残る。ＤＤ51 1801牽引の油タキ（返空）が発車した　平成31年2月4日

旅客駅のホーム前は愛知機関区の留置線、ＤＤ51形など休廃車の機関車たちが並ぶ　平成31年2月3日

　旅客駅は島式ホーム1面2線でのみで、"稲沢線"にホームはない。駅舎は橋上駅舎（東海交通事業に業務委託）で、構内を跨ぐ東西自由通路を併設。ドーム状の膜屋根がユニークだが、稲沢市の姉妹都市＝ギリシャのオリンピア市をイメージする「丘」がモチーフだ。

　貨物駅はほぼ、"稲沢線"の上下線に囲まれた内側にあり、その大半は旅客駅の辺りから南東に広がっている。貨物列車の着発・出発線は上り方の清洲駅とのほぼ中間地点、構内南（東）端付近の大垣街道踏切まで延び、その線路群に沿って何本もの留置線が延びる。ＪＲ貨物の愛知機関区は、留置線群の一角にあり位置は旅客駅の東側南方である。

　旅客ホーム眼前の留置線には休廃車の機関車たちが並び、その奥の線路は仕業庫に続く給油線で、ＤＤ51形やＤＦ200形への給油作業が見られることもある。

　ちなみに、貨物駅の駅舎と愛知機関区の事務所は旅客駅の東側、多数の線路を跨ぐ主要地方道62号（春日井稲沢線）の稲沢跨線橋より南方にあるが、旅客駅と貨物駅は会社が異なるため駅長も別々。旅客駅西口の北隣にはＪＲ貨物東海支社の社屋が建ち、稲沢駅は東海エリアの鉄道貨物の運行拠点で、昔も今も「鉄道の町」の玄関に変わりはない。

　いっぽう、稲沢駅の構内北（西）端は、"稲沢線"の下り線が東海道本線の上下線を乗り越え同下り線に合流するさらに北西、一宮市に入って名神高速道路の高架橋を潜り、妙興寺踏切の南側にある同本線と"稲沢線"の上り線が分岐する辺りである。この合流・分岐地点は通称"稲沢西"と呼ばれ、乗務員用の時刻表にはその名称が記載されている。

　旅客駅西側の"駅前通り"には昭和の面影が漂う商店も残る。東側の稲沢駅構内にあった操車場や稲沢第一機関区跡地などを含む広大な土地は、「グリーン・スパーク稲沢21」の名称で再開発が行なわれた。詳しくは28ページを参照してほしい。

稲 沢

稲沢の貨物駅が見渡せる歩道橋

　稲沢駅の構内は広く、貨物駅の施設の大半は前述のごとく旅客駅の南方へ延びている。その南端近く、大垣街道踏切の北側に架かる歩道橋「いのくちほどうきょう」は東海道本線上下、"稲沢線"上下などの線路を東西に跨ぎ、貨物駅のほぼ全容が見渡せる"お立ち台"でもある。

　この歩道橋付近では、貨物駅を発車する列車、到着する列車も撮影できるが、中央本線〜関西本線を直通する石油列車は稲沢で方向転換し機関車の付け替えを行なうので、仕業に就く機関車の入れ替え作業も見られる。

　大垣街道踏切は稲沢駅西口から南へ約2km、ほぼ線路沿いに徒歩約30分。

稲沢の貨物駅が一望できる「いのくちほどうきょう」。現役ＤＤ51形の最若番、切り抜きナンバーのＤＤ51 825牽引の四日市方面行き油タキ（返空）が発車 平成30年10月23日

ＤＤ51形重連が牽引する南松本行き石油列車が稲沢の貨物駅へ進入する。方向転換後はＥＦ64形の重連にバトンタッチし中央本線（西線）へ向かう 平成29年2月27日

"美濃路"に残る道標

大垣街道踏切の東側は、"美濃路"こと美濃街道（大垣街道はその一部）と中山道の加納宿を結ぶ岐阜街道との分岐点であった。

ここは四ッ家追分と呼ばれ、界隈には今も古風な民家が残る。"美濃路"の沿道、清洲方にある臨済宗妙心寺派「興化山長光寺」の山門前には、「右 ぎふ、左 京都」と刻まれた道標も建ち、昔々を偲ぶことができる。時間があったら訪れてみたい観光ポイントだ。

"美濃路"の沿道、長光寺山門前に建つ道標

四家追分の清州方には古風な民家が残り昔々を偲ばせる

宮浦公園のＤ51 823号機

稲沢市の宮浦公園には蒸気機関車、Ｄ51 823号機が保存展示されている。1943（昭和18）年2月26日に国鉄浜松工機部（浜松工場）で製造され、同年3月1日に稲沢機関区に配属。その後、米原、金沢、富山機関区へ転属後、1967（昭和42）年3月ごろに稲沢第一機関区へ戻ってきた。

晩年は関西本線などで貨物列車を牽引、ナンバープレートには番号の下に「形式　Ｄ51」と付記され、当時のＳＬファンには人気のカマだった。廃車は1970（昭和45）年8月6日付け。同年9月5日に名古屋鉄道管理局長と稲沢市長との間で無償貸与契約を締結し、同9日に安住の地に収まる。その後は国鉄ＯＢらで組織する保存会のボランティアが手入れし、保存状態は良好だ。現在は金網に囲まれた保管庫の中にいるため撮影しにくいが、毎年春と秋に開催される「稲沢まつり」の時、庫内を公開するとのことである。

稲沢駅西口から北西へ徒歩数分、小池1丁目交差点の近く。問い合わせは稲沢市役所生涯学習課。

宮浦公園予定地に展示当初のＤ51 823号機。当時は屋外展示で、周りを低いフェンスで囲む程度であった　昭和45年9月20日

"稲沢線"下り線の北部は"単線"の風情

"稲沢線"の下り線は、稲沢駅の北方で東海道本線の上下線をオーバークロス、同本線下り線の西側に移ったのち、"稲沢西"で同本線に合流する。このオーバークロス部の手前から"稲沢西"までの区間は"単線"の風情で、ローカルムードも漂っている。

撮影ポイントは「ＬＥＡＦＷＡＬＫ稲沢」の北方、陸田（くがた）跨線橋付近がお薦め。この跨線橋の上には"稲沢線"下りと交差する陸田踏切があり、特殊なレイアウトも一見の価値あり。稲沢駅東口から北西へ約2km、徒歩約30分。

金網に囲まれた保管庫の中にいるＤ51 823号機。白く塗られたキャブのナンバープレートが見える　平成31年2月2日

"稲沢線"には臨時旅客列車も走る。同線北部の"単線"区間を走る愛知ディスティネーションキャンペーン関連、臨時快速「モーニングトレイン一宮」。313系8000番代Ｂ201編成　平成30年12月9日＜Ｊ＞

愛知機関区

　ＪＲ貨物（日本貨物鉄道）東海支社は、ＪＲ東海エリア内の鉄道貨物輸送を管轄し、愛知機関区は同支社管内唯一の車両基地である。1994（平成6）年5月2日、稲沢機関区と稲沢貨車区が統合され、車両配置区としての愛知機関区が発足。位置的には旧稲沢第二機関区が該当し、2015（平成27）4月1日からは、名古屋車両所で施工してきた内燃機関検修業務を同区に移し、愛知機関区稲沢派出も発足した。

　構内設備は、敷地内ほぼ中央に車両有効長4両×6線の検修庫を配置。貨車対応の1・2番線、電気機関車（ＥＬ）・ディーゼル機関車（ＤＬ）を走行可能な状態のまま検査できる3・4番線、リフティングジャッキを装備した5・6番線で構成、ここで交番検査・台車検査・要部検査を施工する。また、構内北方には3線を配置した仕業庫があり、ＥＬ・ＤＬの仕業検査を実施している。

　所属機関車はＥＬがＥＦ64形1000番代、ＤＬがＤＤ51形・ＤＥ10形・ＤＦ200形である。ＥＦ64形はＪＲ貨物の在籍車全機が同区に集結し、東北本線の黒磯以南、高崎線、成田線、鹿島線、中央本線、篠ノ井線、東海道本線、山陽本線、伯備線と広範囲で運用。ＤＤ51形とＤＦ200形は関西本線などで、ＤＥ10形は稲沢・四日市・沼津・西浜松の各駅での入換や名古屋港線などで運用されている。

　部外者の構内立入は原則厳禁だが、稲沢の旅客駅南方の主要地方道62号に架かる稲沢跨線橋の歩道からは、機関区の南北構内が見渡せる。また、東海道本線の線路沿いの市道からは、フェンス越しだが構内で憩う機関車たちも撮影可能だ。

愛知機関区正門　平成30年10月24日

稲沢跨線橋から俯瞰した愛知機関区、構内で憩うＤＤ51 857号機ほか。奥の建屋は仕業庫　平成30年12月19日

東海道本線の線路側からも機関区は見える。国鉄色のＤＤ51 853号機が元気だった頃の光景　平成29年2月11日

稲沢第一機関区、
稲沢の操車場跡を探訪

稲沢駅東口界隈には広大な旧鉄道用地が広がっている。ここでは「グリーン・スパーク21」の名称で再開発が進められてきたが、経済事情の変化でその規模は大幅な縮小を余儀なくされた。しかし、東口に隣接して大型パチンコ店が進出、その北東には大型マンションや分譲戸建て住宅が軒を並べた。また、東口の約800m北方には2009（平成21）年3月、ユニーが管理・運営する同社のアピタ稲沢東店を核店舗に、多くの専門店を配置するモール型店舗「ＬＥＡＦＷＡＬＫ（リーフウォーク）稲沢」がオープンした。

このモールはかつて、関東の新鶴見、関西の吹田と並ぶ国鉄の三大貨車操車場の1つでもあった稲沢駅構内の操車場、中部地方最大のＳＬ基地だった稲沢第一機関区の跡地に建っていることから、モール棟前のグリーン・スパーク中央公園には車掌車ヨ8000形2両（8916、8920）を保存展示。館内の展示スペースには、蒸気機関車Ｄ51形の動輪モニュメント（1／2スケール）が鎮座し、新旧定点対比による稲沢駅周辺の航空写真（1961＜昭和36＞年、2009＜平成21＞年に撮影）も掲出されている。この2枚の写真には緑色の線で「グリーン・スパーク稲沢21」を、赤色の点線で「ＬＥＡＦＷＡＬＫ　稲沢」の敷地を示しているが、昔の写真には稲沢第一機関区の転車台（国鉄貨物ターンテーブルと表示）が写り、展示スペースの辺りが稲沢第一機関区の跡であることが理解できる。

余談だが、稲沢の操車場は"ハンプ"と呼ばれる小高い丘から貨車を下すハンプヤードが存在した。しかし、門司、鳥栖とともに旅客停車場と同じ組織だったため、稲沢駅構内の施設として扱われた。すなわち停車場の種別での操車場ではないが、世間では"稲沢操車場"と呼称されていた。「ＬＥＡＦＷＡＬＫ稲沢」は稲沢駅東口から北東へ徒歩約10分である。

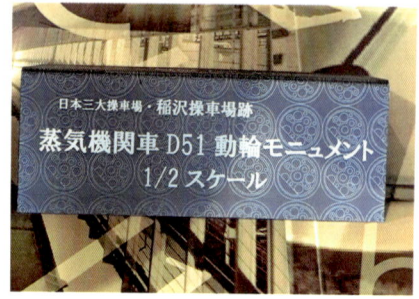

「ＬＥＡＦＷＡＬＫ稲沢」のグリーン・スパーク中央公園に保存展示されているヨ8000形2両。この付近は稲沢第一機関区の跡だ

館内の展示スペースには稲沢操車場跡の証としてD51形の動輪モニュメント（1／2）が鎮座する　平成30年10月23日（3点とも）

懐かしの光景

ＳＬの殿堂
稲沢第一機関区を回顧する

　中部地方最大のＳＬ基地だった稲沢機関区は1953（昭和28）年11月5日、東海道本線の稲沢電化で電気機関車（ＥＬ）の基地（含む乗務員）は稲沢第二機関区（稲二区）、蒸気機関車（ＳＬ）の基地（同）は稲沢第一機関区（稲一区）に分離独立した。稲一区のＳＬは、その後も中央本線（西線）や関西本線（Ｄ51形）、武豊線（Ｃ11形）、名古屋港線（Ｃ50形）などを走り、構内の入替は9600形が継続使用された。

　しかし、ディーゼル機関車（ＤＬ）のＤＤ51形やＤＥ10形などの導入で、1971（昭和46）年8月1日の名古屋港線のＤＬ化をもってＳＬの運用を終了した。この頁では、昭和40年代半ばごろの同区の光景をご覧いただき、往時を回顧していただこう。

転車台から出て仕業線に向かうＤ51 903号機　昭和45年2月1日

転車台にのったＤ51 893号機、後方は扇型庫　昭和45年2月1日

給炭塔で石炭を積み込む9600形29657号機　昭和45年2月1日

JR東海・JR貨物
清洲（きよす）

場所 愛知県稲沢市北市場町古三昧（ふるざんみ）　**開業** 1934（昭和9）年2月24日

JR東海清洲の駅名標

●駅名は清洲であるが所在地は稲沢市内

清洲付近の鉄道の歴史は古い。愛知県下初の鉄道は、1886（明治19）年3月1日に武豊から熱田まで開通、その1カ月後の4月1日には庄内川を渡り清洲まで延びた。当時の清洲駅は現在地ではなく東京起点372km地点、現在の五条川信号場付近に設置された。

清洲延長時、諸般の事情で名護屋（→名古屋）駅は開業せず、まだ建設の最中だった。詳しくは拙著『名古屋駅物語』（交通新聞社新書）などをご参照いただくとして、旧清洲駅は1906（明治39）年4月16日、新川を渡る手前の東京方に移転し、駅名を枇杷島に改称した。移転の理由に諸説は多いが、五条川橋梁の前後に勾配があり、列車出発時の蒸気機関車の馬力に負荷がかかりすぎたからとか……。

清洲駅の移転、駅名改称で清洲の町から停車場は消えたが、名鉄の前身である名古屋電気鉄道は1914（大正3）年9月22日、津島線の支線として清洲線を開通させ、町のほぼ中心に清洲町駅を開業させた。それに対抗したのか1934（昭和9）年2月24日、鉄道省（→国鉄）も町外の現在地（当時は中島郡大里村大字北市場）に「清洲」の名で停車場を新設。ちなみに、前述の清洲町駅ものち休廃止されるが、名鉄関連の事情は拙著『名古屋鉄道

ガラス張りの三角屋根が斬新な清洲駅の駅舎

"稲沢線"を走るDD51 1801号機牽引の下り油タキ（返空）。清洲駅の旅客ホームから　平成30年10月17日

今昔』（交通新聞社新書）などに詳しく書いた。

　2代目清洲駅は稲沢市の南東部に位置し、構内南端では稲沢市と清須市の境界が迫る。稲沢市内の駅だが「清洲」を名乗るのも興味深い。旅客ホームは島式1面2線（東海交通事業に業務委託）で、旅客列車の停車種別は普通のみ。隣接する東側を"稲沢線"の上下線が通り、さらにその東側には、かつて周辺の工場を結んでいた専用線の発着線と側線が数本残る。構内は意外に広いが、現在は同駅での貨物列車の着発はなく、臨時車扱貨物を除き通過する。しかし、旅客ホームからは"稲沢線"の列車が撮影できることで知られる。

清洲駅にはかつて存在した専用線の着発線や側線が残る。雑草が茂る構内をかすめながらＤＤ51 857号機牽引の油タキ（返空）が"稲沢線"を通過する　平成30年5月18日

清洲城址を流れる五条川は桜の名所。満開の桜並木を眺めながらＤＤ51形が牽く油タキ（返空）が四日市方面へ向かう　東海道本線清洲～五条川（信）　平成31年4月12日

駅界隈を歩く 清 洲

清須市のシンボル、清洲城

平成の大合併で西春日井郡清洲町、西枇杷島町、新川町が合併し2005（平成17）7月7日、清須市が誕生した。中でも旧清洲町は歴史の町で、清洲城は有名である。

五条川左岸に再建された清洲城を眺めながらＤＤ51形重連の石油列車が五条川橋梁をガタゴト渡る　東海道本線枇杷島～清洲　平成29年8月17日

当初の城は1405（応永12）年ごろ、斯波義重が五条川右岸に築城した。その後、同地域は尾張国の中心として発展し織田家の本城となる。織田信長も居城としたが、時代は流れ城主は福島政則、松平忠良、徳川義直と変わる。しかし、名古屋城築城による徳川家康の名古屋遷府で"清洲越し"が始まり、1613（慶長18）年に名古屋城が完成すると城下町の移転も終わり、清洲（清須）城は廃城になった。

城址は現在、東海道本線と東海道新幹線により南北が分断され、本丸土塁が残るのみ。しかし、旧清洲町の町制100周年を記念し1989（平成元）年4月、天守閣があった北側南方の五条川左岸に、朱色の大手橋や白門、御殿、模擬天守（鉄骨・鉄筋コンクリート造り三層四階建て）が再建され、「清洲文化広場」として蘇った。清洲城は清須市のシンボルになっているが、ＪＲの車窓からもよく見え、天守閣は"撮り鉄"のお立ち台かも……。

清洲城は清洲駅から南東へ約1km、徒歩約15分。天守閣の入館は有料、月曜（祝日などの場合は翌平日）休館、☎052（409）7330

春爛漫の清洲城天守閣から五条川を渡るＤＤ51形重連が牽く塩浜行き油タキ（返空）を写す　東海道本線五条川（信）～清洲　平成29年4月10日

未成線跡も活用した清洲城の用地

　清洲文化広場とそこに至る市道の用地は、稲沢をめざして大半が未成線に終わった国鉄瀬戸線の貨物線、小田井〜稲沢間の買収済用地の払い下げを受けたものだ。

　主要地方道67号と交差する市道は清洲文化広場へと続くが、それは緩いカーブを描きながら道路中央は駐車場に整備され、のち春は桜並木と化す城脇の遊歩道となる。その先を歩けば東海道本線の五条川橋梁が現れ、この道が幻の瀬戸線用地だったことがわかる。

春は桜並木となる清洲城脇の道路は中央が駐車場だが、それは緩くカーブし未成線と化した国鉄瀬戸線の用地跡だとわかる　平成31年4月4日

川辺に写る"名駅摩天楼"と桜並木のコラボレーション

　五条川沿岸には桜並木が点在するが、清洲城から上流へ約2km遡った清須市春日（はるひ）地内、春日小学校の西側に架かる「学校橋」からの眺めはすばらしい。

　西春日井郡春日町は2009（平成21）年10月1日、清須市へ合併したが、旧春日町内のこの付近では五条川が蛇行。川辺に写る「ＪＲセントラルタワーズ」などの"名駅摩天楼"と、ダイナミックな五条川の桜並木がコラボする美景は、知る人ぞ知る春のビューポイントになっている。清洲駅からタクシーで約10分。

"名駅摩天楼"をダイナミックな桜並木が彩る。この光景が見られるのは清須市春日地内だけとか……　平成28年4月5日

JR東海
五条川信号場
（ごじょうがわしんごうじょう）

場所 愛知県清須市寺野　　　**開業** 1942（昭和17）年1月15日

アクセス＝東海交通事業 城北線、尾張星の宮駅下車、北西または南西へ約1km、徒歩約15分

清州城の天守閣から眺望した五条川信号場付近。画面中央は東海道上下本線をオーバークロスする"稲沢線"で、DD51形牽引のコンテナ列車（稲沢方面行き）が走る。その左は東海道上り本線を飛ばす新快速313系6連、"単線"風の線路は"稲沢線"上りと東海道上り本線を結ぶ連絡線　平成31年2月9日　＜J＞

●"稲沢線"上りと東海道本線上りの　合流地点

　清洲〜枇杷島間にある上り線専用の信号場。稲沢の貨物駅を発車した上り列車は"稲沢線"を走るが、東海道本線の名古屋以東に向かう列車は、五条川を渡ると"稲沢線"と分かれ、"単線"風の連絡線に入る。そして、東海道本線と共に"稲沢線"の高架をアンダークロス、キリンビール名古屋工場の裏側を通り、東海道上り本線に合流する。この分岐・合流地点が五条川信号場である。

　ちなみに、"稲沢線"は五条川信号場付近

"名駅摩天楼"をバックに稲沢までＤＤ５１形重連の南松本行き石油列車が東海道本線を跨ぐ築堤を走る　東海道本線
枇杷島～清洲　平成29年2月4日

"稲沢線"の上り線から分岐し東海道上り本線を結ぶ連絡線を臨時旅客列車が走る。愛知ディスティネーションキャンペーン関連「未来クリエーター信長」。313系8000番代3連　平成30年10月6日

"稲沢線"上りから連絡線を介し東海道上り本線との合流地点、右の線路のポイントがそれ。後方の東海道上下本線を跨ぐのは"稲沢線"の石油列車　平成31年2月4日

で東海道本線をオーバークロス、線路は上下とも東側から西側に移る。関西本線へ直通する列車は"稲沢線"を走るため、前述の連絡線は経由しない。

　なお、清洲城の天守閣からは信号場のほぼ全容が眺望できる。

JR東海・TKJ
枇杷島（びわじま）

場所 愛知県清須市西枇杷島町七畝割　**開業** 1906（明治39）年 4 月16日
（初代清州が移転し枇杷島に改称時）

枇杷島の駅名標はJR東海（東海旅客鉄道）と
TKJ（東海交通事業）の2種類

●"稲沢線"に旅客ホームがある駅

　枇杷島駅のルーツは初代清洲駅だが、その移転・駅名改称で現在地に枇杷島の名で停車場が開業したのは1906（明治39）年 4 月16日のこと。慶長年間、徳川家康との結びつきで、庄内川に架かる枇杷島橋の橋詰には青空市が立つ。その後は問屋街として、1955（昭和30）年に名古屋市西区へ移転するまで隆盛を極めた西春日井郡西枇杷島町の玄関であった。

　国鉄分割民営化でJR東海・JR貨物の駅となり、1993（平成 5 ）年 3 月18日にはJR東海の関連会社、東海交通事業（TKJ）城北線が尾張星の宮～枇杷島間を延長、同社も

枇杷島駅に乗り入れ 3 社の共同使用駅となる。しかし、1995（平成 7 ）年12月 1 日には同駅から分岐していた大阪セメントの専用線が廃止され、セメント列車の着発を中止。2006（平成18） 4 月 1 日には貨物取扱を正式に廃止し、JR貨物は同駅から撤退した。

　いっぽう、西枇杷島町は2005（平成17）年 7 月 7 日、隣接する清洲町、新川町と合併し清須市西枇杷島町となる。2008年（平成20）年12月13日には橋上駅舎化に伴い東西自由通路が完成し、東口には駅前広場を新設。翌2009年 3 月には、西口にも小振りながら駅前広場が整備された。そして、東口には中堅スーパーや企業のオフィスビルなどが進出し、清須市のメインゲートとして躍進中である。

　旅客ホームは島式 2 面 4 線（駅はJR東海が保存し名古屋駅の管理、出改札は東海交通事業に業務委託）、旅客列車の停車種別は普通のみ。東海道本線は汽車時代を彷彿させる長いホームだが、城北線は枇杷島乗り入れ時の用地不足により、"稲沢線"の本線上に気動車 2 両分の短いホームが設置された。そのため城北線の列車は"稲沢線"の上下貨物のすき間に乗り入れ、発着番線は時間帯により変更される。ちなみに"稲沢線"の東海道本線の区間に旅客ホームがある駅は枇杷島だけ、同線経由のJRの列車は同ホームを通過していく。なお、同駅の構内南端、庄内川橋梁右岸北側には東海道下り本線から"稲沢線"下りへ転線できる渡り線が設置してある。

堂々たる橋上駅舎の
枇杷島駅（東口側）

"稲沢線"の列車は城北線のホーム
は通過。発車待ちの同線勝川行き
キハ11形300番代と顔を合わせた
ＤＤ51 825号機牽引の下り油タ
キ（返空）　平成30年10月19日

ＤＤ51 1028＋ＤＤ51 1156の重連が牽引する四日市行き油タキ（返空）。左の線路は城北線。枇杷島駅の東海道本
線ホーム北端から写す　平成30年５月15日

駅界隈を歩く

枇杷島

"美濃路" こと 旧美濃街道を歩く

　主要地方道67号は庄内川を枇杷島橋で渡るが、その右岸橋詰にあった問屋街の跡から川沿いに西へ向かう道が"美濃路"こと旧美濃街道である。東海道の宮宿（現：名古屋市熱田区）と中山道の垂井宿（現：岐阜県垂井町）を結んでいたが、西枇杷島町界隈には今も屋根の上に祭られた「屋根神様」が現役の木造家屋なども残る。西枇杷島は江戸時代、徳川家康の命令で、江戸の神田、大阪の天満と並び日本三大市場の1つとして栄えた。

　いっぽう、毎年6月の第一土曜・日曜に行なわれる「尾張西枇杷島まつり」では、"美濃路"に夜店が出て5台の山車も登場。土曜の夜には花火大会も行なわれ初夏の風物詩になっている。

　また、対岸の庄内川左岸、名古屋市西区枇杷島2丁目地内の堤防下には、"美濃路"の歴史を感じさせる碑や案内板などが設置されている。枇杷島駅の南西約1km、徒歩約15分。

尾張西枇杷島まつりでは夜店が出る"美濃路"の沿道。高架を走るのは"稲沢線"のＤＤ51形が牽引する稲沢方面行きコンテナ列車　平成30年6月2日

庄内川左岸、名古屋市側の堤防下には"美濃路"の碑や案内板などがある　平成31年2月25日

日本の「歩道橋」発祥の地

　旧西枇杷島町内を通る旧国道22号、現在の主要地方道67号名古屋－祖父江線の交通量は、昭和30年代に入ると急激に増加した。交通事故も多発していたが、同町二見地内の国道脇には西枇杷島小学校があり、同校へ通学する児童の多くは国道を横断していた。そんな時、小学4年生が重傷を負う事故が発生。これを機にPTAなどから陸橋設置の要望が高まり1958（昭和33）年、建設省（現：国土交通省）や警察などの協力で計画が決定。翌1959（昭和34）年6月、総工費320万円を投じ二見交差点に歩行者専用の陸橋が完成した。

　モデルにしたのは鉄道の跨線橋で、鉄骨と鉄筋コンクリートを組み合わせた頑丈な造り。全長46.8m、幅2.5m、高さ5m、高さ0.8mの金網付きの手すりも設置された。当時はズバリ「陸橋」と呼ばれていたが、西枇杷島町こそ日本の「歩道橋」発祥の地でもある。

　しかし、老朽化と二見交差点の道路拡幅などにより2010（平成22）年3月、お役御免になる。そして翌4月に解体、同年9月にはほぼ同じ位置に新しい歩道橋が完成した。"元祖歩道橋"は現在、名古屋大学に保存されているが、二見交差点南西角の新橋のたもとにも2013（平成25）年12月、コンクリート製の旧橋の階段の一部をモニュメントとして保存展示し、往時の写真と案内板も加えて町の文化をアピールしている。

　枇杷島駅東口の南東約400m、徒歩数分。警察署前交差点を右折し名古屋方面へ。

二見町交差点南西角、西枇杷島歩道橋のたもとにモニュメントとして保存されている「日本で最初の歩道橋」の階段の一部と案内板　平成31年2月3日

勇退直前の光景、渡り納めのセレモニーも挙行された平成22年3月12日

東海道本線"稲沢線"
庄内川橋梁（名古屋～枇杷島間）

枇杷島橋界隈
"朱色の油機"を彩る四季の風情

主要地方道67号の枇杷島橋から眺めた
庄内川橋梁　令和元年5月18日

アクセス

　ＪＲ東海道本線・ＴＫＪ城北線は枇杷島駅下車、南東（名古屋方）へ徒歩約15分。または名古屋鉄道名古屋本線、東枇杷島駅下車、北西へ徒歩4～5分

　名古屋駅から近い撮影名所が枇杷島の庄内川橋梁だ。ここには下流側からＪＲ東海道新幹線、東海道本線"稲沢線"の鉄道橋、そのすぐ上流には主要地方道67号の道路橋と名鉄名古屋本線の鉄道橋も架かり、地元の人はこれらの橋を「枇杷島橋」と呼んでいる。

　春はサクラ、夏はまつりや花火、秋はヒガンバナ、冬は雪化粧した伊吹山や木曽の御岳山を望み、四季折々の風情の中で"撮り鉄"が楽しめる。また、知る人ぞ知る夕日の名所でもある。

　幹線だけに列車本数が多く、わずかな時間でもいろいろな列車が撮れる。主役は新幹線と在来線の特急だろうが、"朱色の油機"ことＤＤ51形も名脇役として舞台を盛り上げている。

ＪＲの庄内川橋梁は東海道新幹線と東海道本線・"稲沢線"の橋が並行して架かる。上りＮ700系「のぞみ」とＤＤ51形牽引の四日市行きコンテナ列車　平成30年10月2日

春爛漫、庄内川右岸堤防下の川側には桜と菜の花が彩る。稲沢までＤＤ51形重連の南松本行き石油列車がやってきた　平成29年４月10日

枇杷島橋より少し下流、"みずとぴぁ庄内"の散策路に咲くチューリップを眺めながら、ＤＤ51形牽引のコンテナ列車が稲沢へ向かう　平成31年４月15日

尾張西枇杷島まつりの大花火。
三つの橋に流れる彩光と夜空
に輝く花火の共演は初夏の風
物詩である　平成３年６月１日

主要地方道67号の問屋町
交差点を横断する山車
平成30年６月２日

"美濃路"は尾張西枇杷島まつりのメイン会場。露店を物色する観光客を眺めながらＤＤ51形牽引の油タキ（返
空）が四日市へ向かう　平成30年６月２日

庄内川のトワイライト。晴天の日の夕暮、川は光輝き太陽はやさしく列車を見送る。ＤＤ51形牽引の石油列車がガタゴト橋を渡る　平成29年2月3日

橙色に輝く夕日を浴びながらＤＤ51形牽引の貨物列車が稲沢へ向かう。まもなく空は藍色に染まり、のち漆黒のベールに包まれる　平成29年4月22日

庄内川左岸堤防に咲いたヒガンバナ。可憐な赤い花はＤＤ51形の朱色の車体にマッチする　平成30年9月28日

枇杷島付近では東海道新幹線のスグ東側を"稲沢線"が通る。"名駅摩天楼"をバックに新幹線Ｎ700系「のぞみ」とＤＤ51形重連のツーショット　平成29年8月17日

平成最後の年末の朝、名古屋はうっすらと雪化粧した。ＤＤ51形が空のコンテナ車を牽引して四日市をめざす　庄内川左岸堤防南側で　平成30年12月29日

遠く木曽御岳を望みながら庄内川橋梁を渡るＤＤ51形重連の塩浜行き油タキ（返空）。この山がきれいに見えるのは冬から早春の頃である　平成30年3月10日

冬晴れの朝、枇杷島橋からも雪を被った伊吹山が見える。伊吹山をバックにＤＤ51形牽引の四日市行きコンテナ列車を写す　平成29年2月4日

JR東海、JR貨物、"あおなみ線"ほか

名古屋（なごや）

場所 愛知県名古屋市中村区名駅　　**開業** 1886（明治19）年5月1日

JR名古屋駅の駅名標、東海道本線用
（上）と中央本線・関西本線用（下）

●**中部圏のゲートシティ＝名古屋市の
　玄関口**

　名古屋駅は中部圏のゲートシティ、産業観
光都市としても躍進中の名古屋市の玄関口で
ある。JR東海、JR貨物、名古屋臨海高速
鉄道、名古屋市交通局（地下鉄）の駅が集ま
り、名鉄や近鉄との乗換えも便利な交通の要
衝で、中部圏最大のターミナル駅。駅界隈は
「名駅」と呼ばれ地名にもなっているが、そ
のランドマークがJR名古屋駅の複合型超高

層ビル「JRセントラルタワーズ」である。

　名駅のルーツは1886（明治19）年5月1日
で、鉄道局（→国鉄）が現在の笹島交差点付
近に「名護屋」の名で開業。翌年4月25日に
は「名古屋」と改称した。1937（昭和12）年
2月1日に現在地へ移転し、当時としては東
洋一の駅ビルを構えた。現代の駅ビル「JR
セントラルタワーズ」は、そのポリシーを継
承したようだ。名古屋駅の詳細については拙
著『名古屋駅物語』（交通新聞社新書）など
をご参照頂きたい。

　ところで、名古屋駅でのDD51形の舞台は
"稲沢線"と"あおなみ線"である。"あおな
み線"とは第三セクター鉄道、名古屋臨海高
速鉄道西名古屋港線の路線愛称だが、旅客案
内・一般呼称ともそれに統一され、本書でも
以下、"あおなみ線"と称す。

　名古屋駅での"稲沢線"は、在来線13番の
りば（関西本線）と東海道新幹線14番のりば
（上り）との間、在来線では最も西側の線路
を通る。そのため、新幹線上りホームからは
"稲沢線"の列車がよく見え、昭和40年代半
ばまでは蒸気機関車D51形が、今はその後継
車として大役を務めたDD51形の最後の勇姿
が眼前に迫る"特等席"でもある。

　現在、名古屋駅ではリニア中央新幹線の工
事が鋭意推進中で、リニアはJR線各ホーム
北端付近の地下を東西に横断する。"稲沢線"
は同工事に関連し同駅構内は単線で通り、稲
沢方で複線に戻るのは構内のかなり北方、中

桜通口にそびえ立つJRセントラルタワーズをバックに、年末のイルミネーションで夜空に輝く名駅のシンボル「飛翔」 平成30年11月23日

新幹線側、駅西の太閤通口から眺めた名駅のJR系高層ビル群。リニア関連の再開発でこの風景も変貌するとか…… 平成31年2月12日

新幹線上りホーム14番のりば東隣の在来線は"稲沢線"。名古屋名物きしめんスタンドの前をDD51形が油タキ（返空）を牽引して通過中 平成31年1月29日

央本線（西線）から延びる線路の北端付近で、名鉄名古屋本線の栄生駅近くだ。"稲沢線"は"あおなみ線"に続くが、線路は"あおなみ線"の名古屋駅ホーム手前で複線になる。

なお、名古屋駅での貨物列車の着発はなく、臨時車扱貨物取扱駅となっている。また、地下鉄の東山線と桜通線が乗り入れ、同名の駅が構内の地下にある。(以下、50ページへ続く)

東海道新幹線や東海道本線などが並行する"鉄道銀座"をＤＤ51形牽引の油タキ（返空）が四日市方面へ向かう。
ＪＲゲートタワーから枇杷島方面を望む　平成31年2月14日

リニア工事に関連し名古屋駅構内では"稲沢線"の一部は単線化されている。リニアの工事現場を通過するＤＤ51形
重連の石油列車。右は新幹線ホーム　平成30年5月17日

"あおなみ線" 名古屋駅を通過し "稲沢線" に入るＤＤ51形重連の油タキ。新幹線14番のりばには台車亀裂トラブルで先頭車などを外したＮ700系が停車中　平成29年12月15日

"ケッタ"を新幹線口に横づけ

　名古屋では自転車を"ケッタ"と呼ぶ。名駅界隈には有料格安の駐輪場が点在し、駅まで、または駅から自転車を利用する人も多い。新幹線に近い太閤通口前の市道、椿町線の歩道にもそれが設置されているが、「のぞみ」停車駅で自転車と新幹線をリレーできる駅は珍しい。

　筆者は太閤通口の北西、約2kmの住宅街に住んでいるが、"ケッタ"で走れば新幹線の自由席までは歩行時間を含め約15分。このサービスは名駅ならではの魅力だと自慢したい。

新幹線下りドクターイエローと、太閤通口近くの歩道に設置された有料駐輪場の自転車　平成31年2月26日

49

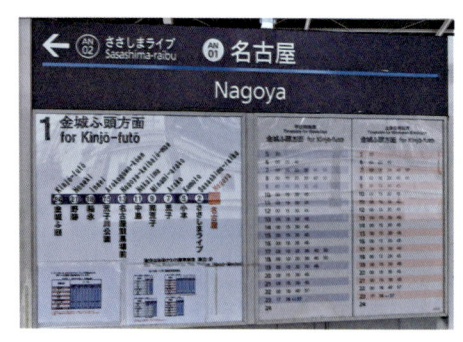

"あおなみ線" 名古屋駅の駅名標

昭和生まれの「メイテツレジャックビル」をバックに、ＤＤ51形牽引のコンテナ列車が "あおなみ線" の豊太閤架道橋を通過中　平成30年11月13日

ＤＤ51 1804号機牽引の稲沢方面行きコンテナ列車が "あおなみ線" 名古屋駅に進入する。同線は全駅にホーム柵を設置　平成30年11月13日

ホーム中ほど下り線側に立つ "あおなみ線" 起点の０キロポスト、隣は笹島（信）から1ｋ915ｍの標識

●"あおなみ線" 名古屋駅

　"あおなみ線" のホームはＪＲ在来線ホームの南西にあり、ホーム中程の下り線側には同線起点の「０キロポスト」と、笹島信号場から1.915kmを示す「１Ｋ915ｍ」（詳細は56ページ参照）の標識が立つ。同線は国鉄時代からの貨物線を旅客線化したため、苦肉の策としてその本線上に島式ホーム１面２線を設置。

　旅客列車は昼間だと15分ごとの等時隔ダイヤだが、上下貨物のすき間に発着するため、時間帯により発着番線は変わる。

　稲沢～名古屋貨物ターミナル間の貨物列車は "あおなみ線" を経由するが、関西本線に入る貨物列車も名古屋駅構内は同線を通り、笹島信号場で分岐し関西本線に直通しているのである。

名古屋

リニア工事で変貌する名駅界隈
平成のシンボルだった「飛翔」

　名古屋駅ではリニア中央新幹線の工事が本格化し、駅再整備計画が進行中だ。駅東側、桜通口前の名駅通に桜通が当たるロータリー交差点は、三差路化しロータリーを撤去、東口広場を拡張する計画だ。その中央には大型モニュメントの「飛翔（ひしょう）」が立っているが、高さ23m、100本を超えるステンレスパイプが円すいのごとく大地から渦を描き、天空に向かって巻き上がる様相は、名駅のシンボルであった。（写真は47ページ参照）

　名古屋市は市政100年を記念し1989（平成元）年、「世界デザイン博覧会」を開催した。それを機会にデザイン都市を標榜し、それまでの青年像に代わる名駅の新しいシンボルを公募した。それが「飛翔」だったが、平成のスタートとともに親しまれて30年、ロータリーが撤去されると役目を終え、平成の思い出でと化すのである。

　いっぽう、新幹線側で駅西の太閤通口北側にはリニアの工事現場が現れ、新幹線下りホーム17番のりばからはその様子が見下ろせる。駅西界隈は1964（昭和39）年の東海道新幹線開通後、再開発が急速に進んだ。さらに、リニア関連の整備案では市道、椿町線に沿って新ビル2棟、地下バスターミナル、新西口広場などの建設を計画。現在、その周辺ではリニア用地となる建物の解体が進行中で、長年親しまれてきたビジネスホテルや居酒屋など、各種店舗が消えつつある。駅西界隈も数年後には大変貌することだろう。

駅西で楽しむ昭和ロマン

　太閤通口、リニア関連地域外の竹橋町、則武地内には昭和の町屋や銭湯などが健在。駅西の椿神社前から則武本通3交差点までの商店街は「駅西銀座」と呼ばれ、人情味豊かな店舗が軒を並べる。庶民的な居酒屋なども多く、今も昭和ロマンが漂っている。

　「駅西銀座」の西端、則武本通3交差点で名古屋市道名古屋環状線を渡り、さらに西へ進めば大門地区だ。ここには1958（昭和33）年まで中村遊郭があったが、今も往時を偲ばせる重厚な木造建築が軒を並べる一角がある。旧遊郭の建物を活用した蕎麦屋もあり、優雅な個室で舌を喜ばせながら、非日常的体験を楽しむのもオツであろう。

昭和ロマン漂う「駅西銀座」界隈　平成31年2月11日

旧中村遊郭の建物を活用した蕎麦屋。往時の面影が残る貴重な店舗でもある。中村区大門地内で　平成31年2月17日

名古屋臨海高速鉄道西名古屋港線

"あおなみ線"
ささしまライブ

場所 愛知県名古屋市中村区平池町 **開業** 2004(平成16)年10月6日

新しい街「ささしまライブ24地区」の玄関、ささしまライブ駅

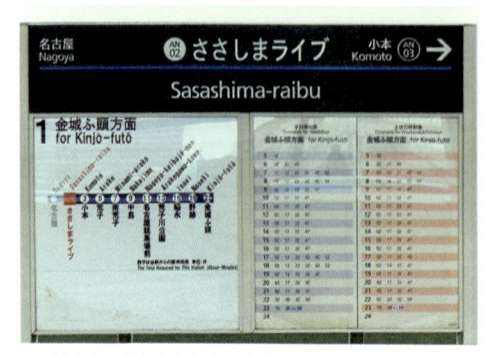

"あおなみ線"ささしまライブ駅の駅名標

●貨物駅の跡地にできた新しい街の玄関

"あおなみ線"の列車は名古屋を出ると、しばらく関西本線と名古屋車両区への入出庫線と並行し、南進後は右にカーブを切りながら進路を南西に変える。東海道新幹線をアンダークロスすると、並行する両線は高度を下げて"あおなみ線"をアンダークロス。そのまま高架を進み、左手にチャペルや高層タワーが迫ると、ささしまライブ駅である。

同駅は貨物駅だった旧笹島駅の跡地に設置された新しい街の玄関。駅前には高層タワー

名駅の高層ビル群 "名駅摩天楼" をバックに "あおなみ線" を走る ＤＤ51形（1156＋1803）重連の下り油タキ（返空） 名古屋臨海高速鉄道名古屋～ささしまライブ 平成30年7月12日 ＜Ｊ＞

梅雨の季節、名古屋車両区をバックに、ＤＤ51形（1804＋1803）重連の上り油タキと "あおなみ線" 下り電車がすれ違う 名古屋臨海高速鉄道笹島（信）～ささしまライブ 平成30年5月31日

の「グローバルゲート」がそびえ立ち、名古屋プリンスホテルスカイタワーやオフィスなどが入居。界隈には愛知大学名古屋キャンパスや中京テレビ放送の新社屋、新しいビルには映画館やレストランなどの商業施設が軒を並べている。

駅南側の「ささしまライブ24地区」は都市再生特別地区の指定を受け、再開発事業を推進中。2005（平成17）年の「愛・地球博」開催中は、空地が広がっていた同地区にささしまサテライト会場「デ・ラ・ファンタジア」を開設。2013（平成25）年に名古屋市が行なった「あおなみ線ＳＬ実験運行」では、駅前の空地にＳＬ観覧場所を設置したことは記憶に新しい。そして今は、ＤＤ51形の最後の勇姿が見られる撮影ポイントの1つでもある。"名駅摩天楼" をバックに走る "朱色の油機" の勇姿は、平成の良き思い出となった。

"朱色の油機" ＤＤ51形と "あおなみ線" 電車のツーショット。ＤＤ51形は切文字ナンバーの 825号機が牽引する下り油タキ（返空）　名古屋臨海高速鉄道ささしまライブ　平成30年10月11日

名駅界隈の超高層ビル群をバックにＤＤ51形（国鉄色の853＋1028）重連の下り油タキ（返空）がやってきた　名古屋臨海高速鉄道ささしまライブ〜笹島（信）　平成29年2月2日

駅界隈を歩く ささしまライブ

SL観覧場所跡に立つ グローバルゲート

ささしまライブ24地区のランドマークが「グローバルゲート」。着工は2014（平成26）年10月、竣工は2017（平成29）10月で、事業主体は豊田通商、大和ハウス工業、日本土地建物、オリックス、名鉄不動産の5社によるささしまライブ24特定目的会社である。

高層タワー（高さ170m・地上37階）・超高層ビル（大和ハウス名古屋ビル、高さ約90m・地上17階）・低層棟（高さ約30m・地上4階）の3棟で構成。高層タワーには名古屋初進出のプリンスホテルも入居するなど、従来の名古屋とは異なる「新しい名古屋」の魅

力を発信している。ちなみにグローバルゲートの敷地は、かつて「あおなみ線SL実験運行」の観覧場所として沸いたレイルファンゆかりの地でもある。

レトロで堂々たる跨線橋、向野橋

ささしまライブ駅の南方、JR東海の名古屋車両区や関西本線、"あおなみ線"など何本もの線路を東西に跨いでいるのが向野橋である。地元では"米野の大鉄橋"などと呼称しているが、この橋のピントラス部は1899（明治32）年、アメリカのAアンドP・ロバーツ社製で1連は85.3mもある。山陰本線の前身、京都鉄道時代に保津川に架けられたもので、1922（大正11）年の列車脱線転覆事故で損傷、修繕後に再使用されたものの1930（昭和5）年、道路橋に転用し、鉄道省（→国鉄）名古屋機関区開設時に当地へ移設された。

かつては自動車も通行できたが、老朽化の安全策で2002（平成14）年4月からは自転車・歩行者専用橋となる。2011（平成23）年10月、名古屋市の認定地域建造物資産に認定された。

アクセスは、ささしまライブ駅を結ぶ新しい施設「ささしま米野歩道橋」（2011〈平成23〉年9月開通）を渡り、近鉄名古屋線沿いを南へ歩く。駅から徒歩数分。

グローバルゲートをバックに走るDD51形牽引の下り油タキ　名古屋臨海高速鉄道ささしまライブ〜笹島（信）（向野橋から撮影）

明治生まれの時代物、向野橋を潜るDD51形の貨物列車　平成30年10月25日（2枚とも）

JR東海・"あおなみ線"
笹島信号場
（ささしましんごうじょう）

場所 愛知県名古屋市中村区長戸井町　**開業** 1950（昭和25）年6月1日

アクセス＝近鉄名古屋線黄金駅前

笹島信号場は近鉄の黄金駅下りホーム前。手前の線路が関西本線の複線・単線接続地点。貨物列車着発線ではＤＤ51形の関西本線下りコンテナ列車が待避中

黄金跨線橋からはＪＲ東海の名古屋車両区が一望、転車台も見える　平成30年10月24日（2枚とも）

●ＪＲ東海は名古屋駅構内と扱う

　ＪＲ東海　関西本線、"あおなみ線"、さらにはＪＲ東海名古屋工場への入出庫線が分岐・合流するのが笹島信号場。関西本線の上下本線、"あおなみ線"の上下本線、貨物列車の着発線があるが、ＪＲ東海は同信号場を名古屋駅の構内として扱い、運転取扱上の表記は「名古屋（笹島）」だ。そのため関西本線と並行する"あおなみ線"の名古屋〜笹島（信）間は、ＪＲ東海"稲沢線"との重複区間になっているとか……。

　関西本線は名古屋駅を出るとしばらくは複線だが、同駅構内西南の1.8km地点、名古屋（笹島）で下り線が上り線に合流し単線になる。貨物列車は"稲沢線"〜"あおなみ線"を通るが、関西本線との直通列車は名古屋（笹島）

で下りは全列車が一旦停車、上りは通過する列車が多い。同線用貨物列車の分岐・合流地点は前述より115m西南、"あおなみ線"の名古屋駅より1.915km地点だが、ここがＪＲ東海名古屋駅の構内西南端となろう。

　ちなみに笹島信号場の上空では、名古屋市

貨物列車着発線で待避するＤＤ51形重連の炭カル（炭酸カルシウム）列車。上空を被う黄金跨線橋と名古屋高速道路の高架とのマッチングもユニークである　平成30年３月16日　＜Ｊ＞

早春の夕暮、構内に張りめぐらせた架線が紅色に染まり、光る線路にはＤＤ51形の上り石油列車が進入してきた　平成29年２月27日

道名古屋環状線（主要地方道）、同愛知名駅南線（同）、愛知県道115号が重複する黄金跨線橋、さらにその上部には名古屋高速５号万場線の高架が被い重なっているのもユニーク。なお、黄金跨線橋の北側歩道からはＪＲ東海の名古屋車両区が一望できる。

西名古屋港線今昔

名古屋貨物ターミナル発着の貨物列車にはＤＤ51形の仕業がわずかに残る。ＤＤ51 825号機牽引の稲沢行き試2751レ　名古屋臨海高速鉄道小本～荒子　平成31年２月27日

"あおなみ線"は観光客の利用も増えた。レゴランドトレインのラッピングを施した1000形08編成がノンストップ列車に活躍　名古屋臨海高速鉄道名古屋～ささしまライブ　平成30年10月14日

●国鉄時代からの貨物線を旅客線化

"あおなみ線"こと名古屋臨海高速鉄道 西名古屋線（名古屋～金城ふ頭15.2km）は、名駅から名古屋市南西部の商業・住宅地域を通り、名古屋港ベイ・エリア西部の金城埠頭を結ぶ複線・電化のシティ電車である。名古屋市が筆頭株主の第三セクター鉄道で、ＪＲ東海が引継いだ国鉄時代からの貨物線（通称"西名古屋港線"）を旅客線化、路線を金城埠頭まで延長し、2004（平成16）10月６日に開業した。

開業後しばらくは厳しい経営が続いたが、

沿線は鉄道空白地帯で地元では旅客線化を切望。大規模団地をバックに貨物線をガタゴト走る旅客列車「かたつむり」号　現：名古屋競馬場前駅南方

ＤＤ51 819とＤＤ51 820（稲一）のプッシュプル編成で走る12系客車使用の「かたつむり」号　現：荒子川公園駅付近

西名古屋港駅での乗降は簡易スロープを使用した　昭和61年10月10日（3枚とも）

近年は沿線に高層マンションの新築や複合型商業施設が増え、名駅南のささしまライブ地区には新しい街が誕生。金城埠頭にはＪＲ東海の「リニア・鉄道館」や、レゴ社による日本初の大型テーマパーク「レゴランド・ジャパン」が進出して観光客も増加。繁忙期の土休日には名古屋～金城ふ頭間にノンストップ列車を運行するなど、利用客は年々右肩上がりの傾向にある。

ところで、名古屋～金城ふ頭間は名古屋臨海高速鉄道が第一種鉄道事業者であるが、名古屋～荒子～名古屋貨物ターミナル間5.1kmは、歴史的経緯からＪＲ貨物が第二種鉄道事業者として貨物列車を運行している。このうち、関西本線と並行する名古屋～笹島信号場間は、前述（52～57ページ参照）のごとく

ＪＲ東海名古屋駅の構内扱いとなっている。

名古屋貨物ターミナル着発の貨物列車は大半が電気機関車の牽引だが、ごくわずかだがディーゼル機関車ＤＤ51形の仕事も残る。稲沢～名古屋貨物ターミナル間の小運転で、早朝・夜間の運行。早朝に出る稲沢行きは冬場を除き撮影もできる。

●“西名古屋港線”を走った ＤＤ51形プッシュプル編成の旅客列車

国鉄末期の1986（昭和61）年10月10日～12日までの3日間、旅客線化構想が浮上していた“西名古屋港線”に、団体イベント列車として旅客列車が運転された。

ＤＤ51形（稲一）が両端に付き、12系客車をサンドイッチするプッシュプル編成を、名古屋→岐阜→尾張一宮→＜“稲沢線”＞→名古屋→笹島→＜“西名古屋港線”＞→西名古屋港→＜“稲沢線”＞→稲沢→名古屋のコースで運行。列車名は「かたつむり」号で、“西名古屋港線”の線路規格が低く、同線内はスロー運転することからのネーミングであった。

貨物線に旅客列車の運行は珍しかったが、国鉄民営化で同線を引継いだＪＲ東海は、旅客線化を前提に第一種鉄道事業免許を取得していたのである。

赤ナンバーのＤＤ51 875（愛）が小量貨物を牽引し高架を下りてきた。名古屋貨物ターミナル南方付近　平成12年7月3日

エンジンをうならせＤＥ10 1726（愛）が数両のタキを牽引して築堤を上る。名古屋貨物ターミナル南方　平成10年1月26日

● "西名古屋港線"は知られざる貨物線だった

"あおなみ線"の前身は、国鉄東海道本線の支線の貨物線（単線・非電化）で、1950（昭和25）年6月1日に笹島（名古屋の貨物駅）〜西名古屋港間12.5kmが開通した。名古屋駅と名古屋港西部を結ぶ臨港線で、"西名古屋港線"と呼称され親しまれてきた。

時は流れ1980（昭和55）年10月1日、沿線の名古屋市中川区掛入町地内に名古屋貨物ターミナルが開業、名古屋〜名古屋ターミナル間3.9kmは複線化され、笹島信号場付近を除き高架化も成る。これに伴い、長らく起点を務めてきた貨物駅の笹島は1986（昭和61）年11月1日付けで廃止。起点は名古屋に変わったものの、路線長は12.5kmのままとした。

その後、1998（平成10）3月30日には、ＪＲ貨物の負担で名古屋〜名古屋貨物ターミ

ナル間の電化が完成し、電気機関車が主力となる。しかし、名古屋貨物ターミナル〜西名古屋港間は単線・非電化、地上線のまま残り、化学薬品などの輸送を担っていたが、列車の運行は2日に1往復という超閑散路線と化す。ＤＥ10形をメインに、時にはＤＤ51形が数両のタキを牽引し、都会の住宅街をガタゴト走っていた。

いっぽう、沿線は鉄道空白地帯でもあり地元では古くから旅客線化を切望。その悲願が実り1997（平成9）年12月2日に名古屋臨海高速鉄道が設立され、1999（平成11）年7月14日には運輸省（現：国土交通省）より工事施工認可を受ける。工事が本格化すると名古屋貨物ターミナル〜西名古屋港間は、2001（平成13）3月31日にＪＲ東海が第一種鉄道事業免許を、ＪＲ貨物が第二種鉄道事業免許を廃止。知られざる貨物線は過去帳入りした。

西名古屋港駅構内で憩うＤＤ51 875（愛）と同駅駅舎
平成12年7月3日

ローカルムード漂う西名古屋港駅　平成12年7月3日

西名古屋港駅跡地は"あおなみ線"の潮凪車庫に
転用。愛知ＤＣの一般公開で東海交通事業キハ
11形、ＪＲ東海キヤ97系、愛知環状鉄道2000
系、"あおなみ線"1000形が並ぶ夢のシーンが
実現！　平成30年11月18日

名古屋貨物ターミナル開業、ＤＤ51形（稲一）牽引の
一番列車の発車式。右端は須田寛名古屋鉄道管理局長
（当時）　画面左は入換用の名古屋臨海鉄道ＮＤ552形

発車待ちのＤＤ51 825（稲一）牽引のコンテナ列車。
名古屋貨物ターミナルは開業当初、構内に架線柱は立
つものの非電化であった　昭和55年10月1日（2枚とも）

JR東海、名古屋市営地下鉄
八田（はった）

場所 愛知県名古屋市中村区八田町長田（JR）　　**開業** 1928（昭和3）年2月1日（JR）

●規模は小さいが名古屋市西南部の "総合駅"

名古屋市西南部の住宅街、中村区八田町にはJR東海関西本線と名古屋市営地下鉄東山線の八田駅、近隣には近鉄名古屋線の近鉄八田駅がある。各線各駅は連絡通路でつながり、規模こそ小さいが "総合駅" を構成している。各社の乗り換えは便利で、JRと近鉄のホームは高架、JRの駅にはロータリーや駅前広場もあり、構えは立派である。しかし、地下

JR東海八田駅駅名標

モダンな八田駅の駅舎、ホームは高架上にある　平成30年11月7日（2枚とも）

中線に進入するＤＤ51形牽引の下りコンテナ列車　関西本線八田　平成30年11月7日

中線で待避中のＤＤ51 892号機牽引の下り油タキ（返空）、下り電車最後部から撮影　関西本線八田　平成29年3月4日

鉄東山線は昼間でも５分ごとに電車が停車するものの、ＪＲは同・普通が30分ごと、近鉄も同20分ごとに普通しか停車せず、機能を充分に発揮していないのが残念である。

　ところで、ＪＲの八田駅は２面３線。南側に下り本線の単式ホーム１面１線（１番線）、北側に上り本線（３番線）と中線（２番線）の島式ホーム１面２線がある。中線は上下共用で、主に貨物列車の待避線として使用され

ている。関西本線の名古屋〜亀山間は直流1500Ｖの電化区間だが、中線のある駅の大半は中線に架線がなく非電化。しかし、八田駅の中線は電化されているのがポイント。同駅では貨物列車の交換が多く、ＤＤ51形の全盛期には、上下重連の交換シーンを見ることができた。なお、同駅は東海交通事業に業務委託され、名古屋市内の駅だが三重支所所属の桑名駅が管理している。

ＤＤ51形重連牽引の上下油タキの交換　関西本線八田　平成28年2月17日

八田

旧八田駅は市街中心にあった

　ＪＲの八田駅は近鉄八田駅と同様、総合駅化計画の一環として名古屋市営地下鉄東山線の八田駅（高畑延長時の1982＜昭和57＞年9月21日開業）と連絡させるため、ＪＲは名古屋方へ0.5km、近鉄は同0.2km移転し高架ホームになる。ＪＲの駅移転は2002（平成14）年4月7日、現施設がすべて完成したのは翌2003年10月31日であった。

　ところで、地上線時代の八田駅は八田町の市街中心にあり、貨物全盛期には駅近くにある秩父セメント（現：秩父太平洋セメント）

と小野田セメント（現：太平洋セメント）の包装所、三菱重工業名古屋研究所への専用線も分岐していた。同駅は当時も2面3線（中線は待避線）で、ほかに専用線の着発線と側線もあり構内は広かった。また、関西本線名古屋～亀山間は1982（昭和57）年5月17日から電化営業を開始したが、名古屋～八田間はそれより早い1979（昭和54）年7月4日に仮電化され、名古屋工場の電気車試運転線として使用された。ちなみに民営化後、ＪＲ貨物の貨物取扱廃止は1997（平成9）年11月1日である。

　現在、旧八田駅の駅舎跡は市道と化し、線路跡を横切り高架を潜っているが、界隈には小さな商店や昭和の町屋などが軒を連ね、駅前時代を彷彿とさせる。

旧八田駅回顧。名古屋～八田間は昭和54年に仮電化。中線には試運転中の159系が停車しＤＤ51形の上り単機と交換。築堤を走るのは近鉄特急10400系　昭和54年7月18日

民営化後も昭和初期に建てられた駅舎が現役であった。移転直前の光景、後方には完成間近の高架が見える　平成14年4月1日

地下鉄東山線高畑車庫

　ＪＲ関西本線は八田駅で名古屋市営地下鉄東山線と連絡している。ＪＲの八田駅改札前には地下鉄の八田駅に下りる連絡階段があり、駅舎前にはエレベーターもある。東山線は中川区の高畑と名東区の藤が丘を結ぶ延長20.6kmの路線で、一社〜高畑間は地下区間だ。下り電車は八田の次が終点の高畑だが、起終点の高畑駅には地上構造の車庫がある。

　場所は名古屋市中川区荒子１丁目地内、広さは約１万1000㎡。検修設備こそないが、6両編成を11本留置できる。引込み線は高畑駅の１番ホーム側につながり、入庫車両は藤が丘方に折り返して進入する。昼間はラッシュ時に使う電車が"ヒルネ"（昼間留置）していることが多く、市内西部で地下鉄の電車を屋外で見られる面白さがある。

　高畑車庫は八田駅からも近い。駅前の市道を南方へ、高畑住宅西交差点を左折し、東へ向かうとすぐ。同駅の南東約１km、徒歩約15分。

伏屋信号場跡

　ＪＲの八田駅が高架工事中、上下待避線の中線が使用できなくなるため1998（平成10）

高畑車庫で憩う名古屋市営地下鉄東山線冷房車トリオ。左から懐かしの5000形、現役の5050形とN1000形　平成26年3月15日

年９月28日、八田〜春田信号場（2001＜平成13＞年３月３日、春田駅に昇格）間に仮設されていたのが伏屋信号場である。場所は名古屋市中川区伏屋２丁目地内で、八田から2.4km、春田（信）から1.3km、庄内川橋梁と新川橋梁の間にあった。名古屋方は分岐がＹ線の両開きのため、上下とも時速35kmの速度制限がかかっていた。

　高架化された八田駅に中線が復活したのは2003（平成15）年10月31日のこと。伏屋信号場は役目を終え、のち2005（平成17）年１月30日に廃止。施設は撤去されたが、複線構造の高架はそのまま残り、線路跡も一目瞭然。

　　　　　　（以下、66〜67ページへ続く）

伏屋信号場跡（春田〜八田間）を通過するＤＤ51 1801号機牽引の上りコンテナ列車。列車交換用の線路用地（左）はそのまま残る　平成31年２月25日

伏屋信号場で待避する上り団臨381系６連（左）、その横の本線を上り名古屋行き普通213系5000番代４連が通過していく　平成11年２月12日

伏屋信号場跡界隈

伏屋信号場跡は関西本線の撮影ポイントの1つ。特に新川堤防左岸の蟹江踏切（中川区富田町伏屋川東腰畑）は注目の場所である。また、庄内川堤防右岸の遊歩道も人気がある。

アクセスは近鉄名古屋線伏屋駅下車、北西（新川）または北東（庄内川）へ約1km、徒歩約10分。ＪＲだと春田駅下車、八田方へ戻るが歩行距離は長い。

国鉄色ＤＤ51 853号機が前補機のＤＤ51形重連が油タキ（返空）を牽引し四日市へ向かう　関西本線八田〜春田（蟹江踏切付近から）平成29年2月2日

庄内川を渡ると伏屋信号場跡、ＤＤ51形重連がカーブを切り車体を傾けながらやって来た。蟹江踏切付近から望遠レンズで狙う　関西本線八田〜春田　平成30年1月27日　＜Ｊ＞

ＤＤ51形重連が牽引する上り油タキが新川橋梁を渡る。前補機は愛知機関区で最後の国鉄色だったＤＤ51
853号機　関西本線春田〜八田（蟹江踏切付から）　平成29年1月29日

庄内川橋梁を渡るＤＤ51形原色重連（1805＋853）が牽く下り油タキ（返空）。後方は関西本線を乗り越え
る近鉄名古屋線の上り特急「伊勢志摩ライナー」　関西本線八田〜春田　平成28年1月19日　写真：平井由夫

JR東海
春田（はるた）

場所 愛知県名古屋市中川区春田2丁目　　**開業** 2001（平成13）年3月3日

JR東海春田駅駅名標

●信号場から昇格した住宅街の中の駅

関西本線の名古屋口は1982（昭和57）年の電化後、都市近郊線として急激に発展。快速サービスも充実させ、1993（平成5年）8月1日改正で快速「みえ」に新型気動車キハ75形を投入、スピードアップを図るため部分複線化や列車交換用の信号場を増設した。そうしたなかで、八田～蟹江間では国道302号との交差部で高架工事を施工していたが、用地は複線高架のため、そこに春田信号場を新設。「みえ」の新型化と同時に使用を開始した。

いっぽう、春田地区は名古屋市西南部の住宅地として発展。地元では昭和40年代半ばから新駅設置を要請し、1992（平成4）年に名古屋市とJR東海の間で駅設置の基本協定が締結された。その後、駅周辺は市街地整備総合支援事業に指定され、1999（平成11）年に駅本体工事に着手、2001（平成13）3月3日に春田駅として開業した。

営業停車するのは普通のみで、ホーム有効長は146mの相対式2面2線、南側の1番線が上下本線、北側の2番線が上下行違い線である。停車列車は運転停車を含め、一部を除き1番線を下り亀山方面、2番線を上り名古屋方面にホームを分けている。しかし、通過列車は上下共、原則1番線を高速で通過し1線スルー方式をとっている。この方式は旅客列車・貨物列車とも同じで、ＤＤ51形重連貨物の交換シーンは迫力があった。現在はＤＦ200形がそれを継承している。

なお、春田駅も東海交通事業の業務委託駅で桑名駅の管理。特定都区市内制度の名古屋市内の駅では最西端駅である。

駅舎はモダンな都市型、駅前には小さなロータリーと駅前広場があり市バスも乗り入れている　平成30年11月7日（2枚とも）

春田駅ではＤＤ51形の重連が牽引する油タキの交換もあった。左が行違い線で待避する上り列車、右は主本線を通過する下り列車　平成29年1月20日

春　田

戸田川沿いに広がる富田公園

　名古屋市中川区富田町の春田、服部、戸田地内に広がる富田公園は、中央を戸田川が流れる緑豊かな公園。園内にはテニスコートや大きな広場があり、子ども向けの遊具や健康遊具も設置され、老若男女、誰もが体を動かし遊ぶことができる。また、地元ボランティアにより花壇の整備も行なわれ、四季の花が美しい。春は戸田川の土手を彩る桜並木も見応えがある。春田駅北口から徒歩数分。

戸田川の土手を彩る里桜が〝朱色の油機〟の健闘を称える。ＤＤ51形重連の下り油タキ（返空）　関西本線春田〜蟹江　平成30年4月10日

JR東海
蟹江（かにえ）

場所 愛知県海部郡蟹江町大字今字上六反田　**開業** 1895（明治28）年5月24日

JR東海蟹江駅駅名標

●橋上駅舎化で蟹江町新市街の玄関に生まれ変わる蟹江駅

蟹江駅の前身は関西鉄道の停車場で1895（明治28）年5月24日、名古屋〜弥富間の開通時に開業した。町名と駅名の由来は、昔々この地域は海に囲まれ、海辺には柳が茂り、たくさんのカニが生息していたとか……。地元では「蟹の住む入江」と称し、略して「蟹江」の地名になったという。江戸時代は両岸に倉庫を連ね、港町としても栄えていた。

関西鉄道は1907（明治40）10月1日に国有化されたが、蟹江駅はその後も蟹江町の玄関として親しまれてきた。しかし、1938（昭和13）年に近鉄名古屋線の前身、関西急行電鉄（桑名〜関急名古屋）の関急蟹江駅が開業すると、停車本数が多い同駅に利用客がシフト。その後も情況は同じで、現在は急行停車駅に昇格（2002＜平成14＞年3月20日から＞した近鉄蟹江駅が町の玄関になっている。国鉄分割民営化後、JR東海は種々施策を展開した

が、単線区間が多いので列車増発には限りがあり、朝夕に区間快速が停車するものの、昼間は普通のみ30分ごとの停車である。

ホームは相対式2面2線だが、その間に非電化の中線がありDL牽引の貨物列車などの待避線として使用中。駅舎に面す南側の1番線が下り本線、北側が上り本線で、駅業務は東海交通事業に委託、管理は桑名駅である。

ところで、JRの蟹江駅は旧市街から外れているが、1997（平成9）年に駅北側が市街化区域に指定され区画整理を実施。近年は新築マンションや戸建て住宅が軒を並べ、大型スーパーや郊外型店舗も出店した。そこで蟹江町とJR東海は2016（平成28）9月23日、蟹江駅の橋上駅舎化と南北自由通路などを整備する協定を締結。そして、2019（平成31）年2月3日から仮駅舎の使用を開始し、工事が本格化した。完成は2020（令和2）年12月の予定で、同駅は蟹江町新市街の玄関として生まれ変わる。

旧駅舎は三角屋根の玄関が印象的だった　平成30年11月17日（2枚とも）

蟹江駅は相対式2面2線、その間に非電化の中線がある。中線で待避中のＤＤ51 891号機牽引の上り油タキ、本線では上り特急「（ワイドビュー）南紀」と下り普通列車が交換中　平成29年2月4日

蟹江駅界隈は住宅街として発展、線路脇にもモダンな戸建て住宅が軒を並べている。その中をＤＤ51形重連の上り油タキがやってきた　関西本線永和〜蟹江　平成30年4月16日

黄昏時、夕日をキャブに浴びた
ＤＤ51形が上りコンテナ列車
を牽引し稲沢へ向かう　関西本
線蟹江〜春田　平成31年４月
３日　写真：平井由夫

春のトワイライト。鉄路を彩る菜の花と紅色の空、その美景を創作するまん丸の太陽が"朱色の油機"を輝かせる。旋回窓のＤＤ51 1156号機　関西本線永和～蟹江　平成31年3月27日

蟹　江

蟹江城址を探訪

　永亨年間（1429～1440）に北条時任（ときとう）が築城したといわれるのが蟹江城。清州城と長島城のほぼ中間に位置し、蟹江川、大野川、庄内川の水運に恵まれ、前田城、下市場城、大野城を支城とした。織田信長の死後、次男の信雄が収めたが、1584（天正12）年に豊臣軍と織田・徳川連合軍による蟹江城合戦があり、軍配は後者連合軍の勝利。だが、翌年の大地震で城は壊滅、現在は住宅街に本丸の井戸跡と城址の石碑が残るのみである。

蟹江駅から南へ約１km、徒歩約15分。蟹江民族資料館の裏。

尾張温泉

　木曽川デルタ地帯の地下1100mから湧出する"みどりの湯"が尾張温泉。泉質は単純温泉（低張性弱アルカリ性高温泉）で、効能は神経痛、筋肉痛、リューマチなど。佐屋川沿いには大型温泉施設があるほか、源泉かけ流しの足湯もある。

　蟹江駅から南西へ約２km、徒歩約25分。足湯（無料）は尾張温泉かにえ病院の前。

住宅街の中に佇む
蟹江城址

気軽に立ち寄れる足湯　平成31年２月25日
（２枚とも）

“朱色の油機”が輝いた 蟹江の美景

関西本線は蟹江を出ると蟹江川、佐屋川、日光川を渡り、愛西市に入ると永和。そのすぐ先では善多川を渡り、川とのデュエットが続く。この辺りは"尾張の潮来"ともいわれる水郷地帯で、水や花が列車を輝かせ、“朱色の油機”ＤＤ５１形もこの美景に映え、魅惑のシーンを展開した。それは、昭和・平成の良き思い出となったのである。

蟹江の桜も美しい。満開の桜を眺めながら築堤を走るＤＤ５１形牽引の下り油タキ（返空）。蟹江駅西方、蟹江川左岸堤防から写す
平成29年4月7日

佐屋川河畔を彩る桜を眺めながらＤＤ５１形重連の上り油タキがやってきた
平成29年4月6日

春の贈り物は桜とチューリップの二重奏、"朱色の油機" も重連で共演する。佐屋川河畔の小公園で写す　平成29年4月6日

藤棚からのシャワーを浴び "朱色の油機" が快走！　佐屋川河畔の小公園で写す　平成30年4月16日

日光川のサンライズ。空、川が朝日で染まり、朱色の車体がそれに溶け込む幻想的な世界が醸し出された。日光川右岸堤防から写す 平成30年2月3日 ＜J＞

佐屋川の水面に車体を映しＤＤ51形が牽く下りコンテナ列車がガタゴト走る。佐屋川河畔の釣り堀から写す
平成29年11月15日

樹木は紅葉し、ススキがなびく秋風にエスコートされながら"朱色の油機"の重連が四日市へ向かう。佐屋川
河畔の小公園から写す　平成29年11月10日

雪化粧した伊吹山を望みながら日光川橋梁を渡るＤＤ51形重連の上り油タキ　平成29年２月４日

名古屋付近での積雪は稀少価値。厳寒の日、油煙を吐きながらＤＤ51形重連が牽く上り油タキが日光川橋梁を渡る　平成30年１月25日

JR東海
永和（えいわ）

場所 愛知県愛西市大野町郷西　　**開業** 1929（昭和4）年2月1日

●駅名は昔の村の名前を踏襲

　永和駅の前身は鉄道省時代の1927（昭和2）年6月1日、蟹江〜弥富間に設置された善太信号場。2年後の1929（昭和4）年2月1日には駅へ昇格し、永和駅が開業した。

　駅名の由来は開業当時の海部郡永和村に因んだものだが、この村は1956（昭和31）年4月1日、津島市や海部郡佐屋町など1市2町1村に分割編入され、駅のある大野地区は佐屋町へ編入した。佐屋町は2005（平成17）年4月1日、平成の大合併で愛西市となる。

　現在、永和の地名は存在しないが、公共施設などはゆかりの町名を踏襲。永和郵便局、永和地区公民館などがそれで、永和駅も地域の玄関として愛され親しまれている。

　駅界隈は田畑が目立つが、近年は新しい戸建て住宅やマンションが建ち始め、名古屋近郊のベットタウンとして発展中。停車列車は普通のみで昼間は30分ごと。桑名駅の管理に

ＪＲ東海永和駅駅名標

よる東海交通事業の業務委託駅だが、早朝・夜間は無人となる。

　ホームは相対式2面2線、駅舎に面す南側が下り本線の1番線、北側は上り本線で2番線。その間には非電化の中線があり、ＤＬ牽引の貨物列車などが待避する。ちなみに、昼間は上下本線で快速が交換することが多く、原則として上りは運転停車、下りは通過する。

モダンな姿の木造平屋建て駅舎が健在の永和駅、春は駅前の〝大ツツジ〟が美しい　令和元年5月10日（2枚とも）

駅界隈を歩く　永　和

大野城址の探訪

　蟹江城の支城の1つだったのが大野城（砦）。1584（天正12）年、織田信雄の家臣、佐久間信栄（正勝）が築城した。同年4月には「小牧・長久手の戦い」の前哨戦ともいえる「蟹江城・大野城の戦い」が勃発。当時の

善太川右岸近くの田園地帯に立つ大野城址の石碑　平成31年3月3日

大野城主、山口重政（佐久間信栄の家臣）は母を人質にとられながらも城を守り、徳川軍の加勢で羽柴秀吉率いる敵を撃破。徳川の天下征服の礎を拓いた。城は1586（天正13）年の天正大地震で被災し、廃城になったという。

　現在、城址の遺構は残っていないが、日光川水系の"池"のような善太川右岸の田んぼの中に1980（昭和54）年、その碑が建てられた。永和駅の南東約0.8km、徒歩約10分

永和駅周辺も水郷地帯。春爛漫の善太川橋梁を渡るＤＤ51 875号機牽引の上りコンテナ列車　関西本線白鳥（信）～永和間　平成31年4月9日

永和駅では原則、昼間は上下快速が交換する。中線で待避中のＤＤ51 875号機牽引の下りコンテナ列車。快速「みえ」は上りが運転停車（左）、下りが通過中平成29年2月3日

JR東海
白鳥信号場
（しらとり しんごうじょう）

場所 愛知県弥富市又八新田　　**開業** 1993（平成5）年8月1日

アクセス＝近鉄名古屋線 佐古木駅下車　北西へ約0.7km、徒歩約10分

ＤＦ200形牽引の貨物列車の交換。右は行違い線に停車中の下りコキ、左は本線を通過する上り油タキ（返空）　白鳥（信）・弥富方から写す　平成30年11月21日

行違い線に停車中の上り快速「みえ」キハ75形（右）は、本線を通過する下り油タキ（返空）ＤＤ51形＋ＤＦ200形の変則重連の通過を待つ　白鳥（信）・永和方から写す　令和元年5月16日

●信号場周辺は格好の撮影ポイント

単線区間の永和～弥富間の途中にある列車交換施設が白鳥信号場。1993（平成5）年8月1日のダイヤ改正で、春田信号場（現：春田駅）とともに使用を開始した。永和から1.8km、弥富から2.4kmの地点にあり、1線スルー方式で、本線・行違い線ともに上下方向へ出発が可能。交換しない列車は上下とも、南側の本線を高速で飛ばしていく。また、行違い線を利用し、普通などが特急・快速を待避する光景も見られる。

構内は長く、長大編成の貨物列車の交換も可能だが、緩くカーブした箇所もあり、遠目には"複線区間"のようにも見える。界隈は田畑が広がり、瓦屋根の農家や木造住宅も点在。名古屋近郊とは思えないローカルムードが漂い、昭和の面影が残っている。ここは大名古屋の"エアポケット"かも……。

白鳥信号場周辺のロケーションは格好の撮影ポイントでもある。"朱色の油機"ＤＤ51形の活躍にも春夏秋冬、趣があった。アルバムの中からその一部をご覧いただこう。

春、沿線を彩る満開の菜の花を眺めながら "朱色の油機" ＤＤ51 形が牽く上りコンテナ列車が飛ばして行く　関西本線弥富〜白鳥（信）　平成31年3月22日

初夏、国鉄色のＤＤ51 853号機が先頭の重連タンカーが築堤を下る。淡いピンクのアジサイたちが長年の健闘を称えているようである　関西本線永和〜白鳥（信）　平成29年6月13日

春、うららかな風にのって鯉のぼりがスイスイ泳ぐ。"朱色の油機"も重連でスイスイ飛ばす。上り油タキ　関西本線弥富～白鳥（信）　平成30年4月19日

晩春、田植えを終えたばかりの水田は水鏡が美しい。夕日を浴びながらＤＤ５１形が牽引する上りコンテナ列車が稲沢へ向かう　関西本線白鳥（信）～永和　令和元年5月16日

初夏。鮮やかな赤いアジサイと
"朱色の油機"との組み合わせも
魅力的。ＤＤ51形重連の上り油
タキ　関西本線白鳥（信）　平成
30年6月6日

盛夏。太陽と友達のヒマワリが鉄路を見守り、
"朱色の油機"にエールを送る　関西本線弥
富〜白鳥（信）　平成30年7月26日

秋。黄色に色づいた銀杏の木と"朱色の油機"のコラボレーションは日本の秋にお似合いである　関西本線永和〜白
鳥（信）　平成30年11月29日

冬。氏神様の境内から"朱色の油機"がチラリと見えた。縁起物のしめ縄が新春の鉄路の安全を祈る　関西本線永和〜白鳥（信）　平成31年1月16日

豊作のミカンは"朱色の油機"に活力を注ぐよう。ＤＤ51形が牽引する下り油タキ（返空）関西本線白鳥（信）　平成30年12月29日

冬。前補機ＤＤ51 1801号機はスノープラウ付き。本務機は北海道から来た旋回窓のＤＤ51 1146号機。この重連は雪路に似合う　関西本線永和〜白鳥（信）　平成30年1月26日

《冬の贈り物Ⅰ》積雪の日の夕暮、西日を浴びて銀色に輝く"朱色の油機"の勇姿。ＤＤ51形重連の上り油タキが本線をとばす　関西本線白鳥（信）～永和　平成30年1月26日

《冬の贈り物Ⅱ》雪化粧した田んぼの中を力走する"朱色の油機"の重連。本務機の窓に反射する丸い光は長年の功績を称える太陽からのごほうびのしるしか……　関西本線白鳥（信）　平成30年1月26日

JR東海・名鉄
弥富（やとみ）

場所 愛知県弥富市鯏浦町中六　　**開業** 1895（明治28）年 5 月24日（JR）

● JR・名鉄の共同使用駅だが
出改札は特殊

　弥富駅は1895（明治28）年 5 月24日、前身の関西鉄道時代に前ヶ須（まえがす）の名で開業した。当時、名古屋からの線路は同駅が終点だったが、桑名からの線路とドッキングした同年11月 7 日に弥富と改称。1898（明治31）年 4 月 3 日には名鉄尾西線の前身、尾西鉄道の弥富～津島間が開通し弥富駅に乗り入れた。関西鉄道は1907（明治42）年10月 1 日に国有化（鉄道院）され、1909（明治42）年10月12日から関西本線に。尾西鉄道は1925（大正14）年 8 月 1 日、名古屋鉄道（初代）に買収され名鉄尾西線となる。このような経緯から、弥富駅はJRと名鉄の共同使用駅になっている。

　駅構造は、駅舎に面した南側の単式ホーム

　1 面 1 線が 1 番線でJR関西本線の下り本線。非電化の中線を挟み、北側の島式ホーム 1 面 2 線は 2 番線がJR同上り本線、3 番線は名鉄尾西線である。そのため、関西本線上りと尾西線はホームタッチで連絡する。中線はDL牽引の貨物列車などの待避線として使用中。国鉄時代は 3 番線の北側に貨物側線があり、

JR東海弥富駅駅名標

駅舎は大改装され、木造平屋建てだが大小三角屋根の飾りが付いたモダンな姿が愛らしい　平成30年 5 月31日（2 枚とも）

弥富駅はＪＲ・名鉄との共同使用駅。中線で休むＤＤ51形重連の下り油タキ（返空）と顔を会わせた名鉄の尾西線（3番線）6500系4連 平成30年5月31日

弥富駅のスグ西南では大河、木曽三川が流れる。愛知・三重の県境、延長854mの木曽川橋梁を渡るＤＤ51形重連の上り油タキ　関西本線長島～弥富　平成27年9月4日

名鉄と国鉄を結ぶ渡り線もあった。しかし、1983（昭和58）年の尾西線貨物廃止後に撤去され、貨物関係の跡地は名鉄協商の駐車場に整備された。

　弥富駅での出改札業務は、ＪＲ東海の桑名駅の管理で名鉄の業務も受託し、東海交通事業に業務委託。両社間に中間改札はない。近距離用自動券売機はＪＲ・名鉄の両用機で、名鉄の切符もＪＲ東海の地紋で発行。交通系ＩＣカード対応駅だが、名鉄線のみの乗降は駅舎側のＪＲ簡易改札機と、ホーム上のＪＲ～名鉄乗換用の同機にそれぞれタッチしなくてはならない（合計2回）。特殊扱いの案内は跨線橋などに大きな看板を掲出している。

　ちなみに、弥富市は海抜0ｍ地帯に位置し、弥富駅は－0.93ｍ。ＪＲの地上駅では日本一低い駅である。また、蟹江～永和から続く水郷地帯だが、鍋田川・木曽川を挟んで三重県と接している。"朱色の油機"ＤＤ51形と水のコラボレーションも絵になる。

弥富市内も水郷地帯。遠くＪＲセントラルタワーズをバックに宝川河岸を走るＤＤ51形牽引の下り油タキ（返空）
関西本線白鳥（信）～弥富　平成30年５月９日

八重桜の香り漂う春うららかな昼下がり、エンジンをうならせＤＤ51形の上りコンテナ列車が飛ばして行く　関西本
線弥富～白鳥（信）　平成30年４月17日

弥　富

関西本線の沿線にも金魚池がある。元気に育つ弥富金魚を観賞しながら "朱色の油機" を撮るのもオツ。ＤＥ10形＋ＤＤ51形の上り単機（後追い撮影）関西本線白鳥（信）の弥富方東側　平成31年3月5日

弥富金魚

　弥富は特産の金魚が有名。日本の金魚の全品種がそろう産地とかで、弥富市のほか近隣地域で生産される金魚も「弥富金魚」という。養殖池は多く、奈良県大和郡山市と並ぶ日本の金魚の二大産地である。弥富駅界隈にも金魚池が点在し、同駅の駅舎天井中央には、金魚の模様を施したステンドグラスを飾り、金魚の町をアピールしている。

弥富駅の駅舎天井に飾られた金魚のステンドグラス
平成31年11月28日

昭和初期の最高傑作
「尾張大橋」・「伊勢大橋」

　弥富駅の近くの木曽川には3つの鉄橋が架かる。いずれも橋の中央は愛知・三重の県境だが、上流から順にＪＲ関西本線の木曽川橋梁、近鉄名古屋線の同名の橋、そして国道1号の「尾張大橋」である。

　このうち、いちばん古いのが尾張大橋で供用開始は1933（昭和8）年。トラスを上弦のアーチで吊り下げる下路ランガートラス橋で、1連の支間長は63.4m。これが13連もつながり、三重県側にはアーチなしの支間長40.8mのトラス橋も加わり総延長は878.8mだ。

　いっぽう、三重県に入ると揖斐・長良川には「伊勢大橋」が架かる。尾張大橋と同じタイプだが、橋の中ほどに中堤入口のＴ字路交差点があるのがユニーク。供用開始は1934（昭和9）年で当時、支間長（1連72.8m）15連、延長1105.8mの橋は東洋一であった。

　両橋とも昭和初期の最高傑作であるが、幅員7.5mで片側1車線、今はラッシュ時に大渋滞を起こし時代にマッチしなくなった。しかし、戦争や台風にも耐え、80数年に亘り地域交流の重責を担ってきた功績は計り知れない。弥富駅、長島駅から徒歩約15分。

堂々たる勇姿の「尾張大橋」。下路ランガートラスが13連つながる　平成31年3月5日

JR東海
長島（ながしま）

場所 三重県桑名市長島町面外面　　**開業** 1899（明治32）年11月11日

JR東海長島駅駅名標

●輪中地帯の無人駅

長島駅の歴史も古く、前身の関西鉄道時代の1899（明治32）年11月11日、桑名〜弥富間の中間駅として開業した。国鉄時代の1970（昭和45）年10月1日に無人化。その後、1977（昭和52）1月31日に桑名〜長島間、1980（昭和55）年3月24日には長島〜弥富間の複線化が成る。これに伴い長島駅は複線区間の中の"停留所"風の駅と化し、駅舎なしの島式ホーム1面2線、短い上屋があるものの簡素な造りのローカル駅となった。公道へは、ホーム東側の歩行者専用地下通路で連絡。構内には保線用車両の側線と車庫がある。

桑名駅管理の終日無人駅で停車するのは普通列車のみ、昼間は上下とも30分ごとの停車である。

長島駅は駅舎なしの終日無人駅、公道とホームは歩行者専用地下通路で連絡。ＤＤ51形牽引の上りコンテナ列車が通過中　平成31年3月5日

陸に上がって休息するモーターボートを眺めながらＤＤ51形重連の上り油タキが築堤を走る　関西本線桑名〜長島　平成30年6月27日

駅界隈を歩く 長島

"水屋"風の住宅

　長島は木曽三川河口の輪中地帯に位置し、駅界隈には石積の上に家屋を高く持ち上げた"水屋"風の家が多い。水屋とは水の被害から家財を守るため、母屋とは別に石垣や土盛りの上などの高い場所に建てた家屋。普段は倉庫だが、洪水時に住宅として使われた。輪中地帯ならではの伝統的文化だが、現存する水屋は少ない。

石積みの高台に立つ"水屋"風の住宅。輪中地帯ならではの生活の知恵　平成31年3月5日（3枚とも）

木曽三川の大河、揖斐・長良川橋梁を"朱色の油機"の石油列車がガタゴト渡る。上り油タキ　関西本線桑名〜長島
平成30年6月27日

JR東海・近鉄・養老鉄道
桑名（くわな）

場所 三重県桑名市大字東方（JR）　　**開業** 1895（明治28）年5月24日（JR）

JR東海桑名駅駅名標

●構内に集まる3つの軌間の鉄道

三重県北勢地域の交通の要衝が桑名駅。JR東海の関西本線、近鉄名古屋線、養老鉄道養老線が発着する鉄道3社の共同使用駅だ。桑名市の玄関として機能し、橋上駅舎の東口がJR、地平部の西口は近鉄の管理で、各社は跨線橋で結ばれている。なお、東口のすぐ南側には、三岐鉄道北勢線の西桑名駅とバスターミナルもある。

桑名付近の鉄道の駅は1894（明治27）年7月5日、関西本線の前身、関西鉄道が四日市以北の延伸時に桑名（仮）駅を開設したのがルーツ。翌1895（明治28）年5月24日には現在地まで延長、桑名駅が開業した。同年11月7日には桑名〜弥富間が開通し中間駅となる。関西鉄道の国有化後は、1919（大正8）年4月27日に養老鉄道（初代）が、1929（昭和4）年1月30日には伊勢電気鉄道の四日市以北延伸で、ともに桑名駅に乗り入れた。その後の両社の歴史は複雑だが、いずれも現代の近鉄

グループを構成する鉄道路線であり、桑名駅が鉄道3社の共同使用駅になっている経緯でもある。

ところで、桑名駅の改札は3社で供用。JR〜近鉄間に中間改札はないが、近鉄〜養老鉄道の間はホーム上に中間改札がある。ホームは、JRが単式ホーム1面1線と島式ホーム2面2線の合計2面3線。近鉄と養老鉄道は島式ホーム2面4線を共同で使用。番線ナンバーは、JR側（東側）の関西本線下り本線1番線から上り2番線、上下待避線の3番線に続き、近鉄に向かって連番で振られている。しかし、昔々切り欠けホームがあった近鉄の5番線は欠番とし、最西端は近鉄名古屋線上り待避線の8番線となっている。

いっぽう、JR関西本線と養老鉄道養老線は狭軌1067mm軌間、近鉄名古屋線は標準機1435mm軌間、三岐鉄道北勢線は特殊狭軌（ナローゲージ）の762mm軌間だ。桑名駅の構内には3種の軌間の鉄道が集まり"世界的鉄道名所"の1つかも……。

また、養老線が近鉄だった時代には、同線とJR（国鉄）の間に渡り線があり貨物連絡運輸を実施。東海道本線の大垣と桑名を結ぶ短絡ルートとして重宝がられた。JR桑名駅での車扱貨物の廃止は1982（昭和57）年5月10日。運転関係では昼間、DD51形牽引の上下貨物の交換が見ものである。

現在、桑名駅では駅舎移設工事を施工中。この事業は鉄道運輸機構からの助成を受け、

桑名駅東口の橋上駅舎（ＪＲ管理）

３番線はＪＲの上下待避線、ＤＤ51形牽引の上りコンテナ列車が進入してきた。右は養老鉄道の大垣行き
関西本線桑名　平成30年12月３日（２枚とも）

ＤＤ51形貨物列車どうしの交換風景。左は３番線で待避する上りコンテナ列車、右は通過する下り油タキ（返空）
関西本線桑名　平成30年12月３日

2017（平成29）年８月に着工した。桑名市では駅西土地区画整理事業の一環として東西駅前広場を整備、両広場を結ぶ自由通路を現在の改札内跨線橋より約80ｍ南方に新設し、ここにＪＲと近鉄の新しい橋上駅舎を新築。事業期間は2022年度までの予定で、2021年度には自由通路と新駅舎を供用、両社の改札を分離し、のち既存駅舎は撤去されるとか。

スノープラウ装備のＤＤ51 1804号機が牽く下り油タキ（返空）　関西本線桑名～朝明（信）　平成30年12月14日

稲一区以来の生え抜き族で切り文字ナンバーのＤＤ51 825号機が牽く上りコンテナ列車。同機は現存するＤＤ51形の最若番だ　関西本線朝明（信）～桑名　平成30年12月19日　＜Ｊ＞

駅界隈を歩く

桑 名

3種の軌間を一望し、歩いて実感も！

　桑名駅構内では、762mm、1067mm、1435mm
の３種の軌間の鉄道が集まっている。桑名・
西桑名の両駅南方にある「三崎跨線橋」（桑

名市矢田地内）からは、３つの軌間の線路を
一望できる。また、その手前には3種の線路
を同時に横断できる踏切もある。各踏切には
会社ごとに名前がつき、東側から順に、
762mm軌間の三岐鉄道北勢線「西桑名第２号
踏切」、1067mm軌間のＪＲ関西本線「構内踏切」、
そして1435mm軌間の近鉄名古屋線「益生第４
号踏切」だ。歩いて渡れば３種の線路の幅の
違いを実感できる。桑名駅から徒歩数分。

西桑名駅、駅名の謎

　三岐鉄道北勢線の西桑名駅は、桑名駅の
ＪＲや近鉄のホームから見ると東側、同東口
駅舎からは南側にあるのに西桑名を名乗る。
これは前身の北勢軽便鉄道が1915（大正４）
年８月５日、桑名の町の市街中心部まで乗り
入れ、桑名方のターミナルとした。開業時の
駅名は桑名町だったが、戦時休止を経て、復
活時の1948（昭和23）年９月23日には桑名京
橋と改称。しかし、桑名京橋～西桑名間は
1961（昭和36）年11月１日に廃止された。

　こうした経緯から、西桑名駅は開業当初の
起点より西方に位置し、今も昔の名前を継承
している。ちなみに、桑名駅の改良工事完成
時には駅名改称も予想されよう。

三崎跨線橋から眺めた桑名駅構内３種の軌間。右から
762mm軌間の北勢線、1067mm軌間の関西本線ＤＤ
51形下り貨物、1435mm軌間の近鉄名古屋線　平成
30年12月14日

ＪＲ構内踏切の東隣は762mm軌間の北勢線西桑名第
２号踏切だ。レトロ塗装の277形ほか４連がやってき
た　平成31年３月７日

西桑名の駅名の謎は、前身会社からの歴史をひも解け
ば一目瞭然だ　平成31年３月７日

JR東海
朝明信号場
（あさあけしんごうじょう）

場所 三重県桑名市江場　　**開業** 1985（昭和60）年1月28日
アクセス＝近鉄名古屋線 益生駅下車、すぐ　　（現在地への移転日）

富田から複線できた線路は朝明信号場で上り線が下り線に合流するかたちで単線になる。その合流地点に進入するＤＤ51形牽引の上りコンテナ列車　平成30年11月1日

●複線化の進展で用途変更そして移転

　桑名〜朝日間に設置されている単線複線接続型の信号場。桑名駅から1.6km、朝日駅から3.1kmの地点にある。下りの場合、弥富で複線になった線路は桑名で単線に戻る。そして、三岐鉄道北勢線の「関西本線跨線橋」をアンダークロスすると、並走する近鉄名古屋線の益生駅近くで複線になる。ここが朝明信号場で、位置としては2代目である。

　初代・朝明信号場は1927（昭和2）年5月1日、現在地より約2km南西、員弁川を渡った三重郡朝日村（現：朝日町）地内に設置された。当時は桑名〜富田間にある単線区間の列車交換型信号場で、1940（昭和15）年12月20日からは、隣接する東芝三重工場の専用線を発着する貨物取扱も開始した。

　昭和40年代半ばごろ、関西本線では部分複線化工事を推進していたが、1972（昭和47）年9月27日には朝明信号場の富田方が複線化され、単線複線接続型に変更。その後、桑名方の複線化も進み1985（昭和60）年1月28日、現在地へ移転した。この間には東芝の専用線も廃止されたが、朝日駅の桑名方約1km付近には専用線跡と初代信号場の建屋が残る。

信号場界隈を歩く

朝明信号場

石積みの橋脚が現役の北勢線
「関西本線跨線橋」

　桑名～朝明信号場間の複線化用地の大半は確保されているが、朝明信号場付近が単線で残るのは、ＪＲ関西本線と近鉄名古屋線をオーバークロスする三岐鉄道北勢線の跨線橋が要因である。この跨線橋は同線の前身、北勢軽便鉄道が1914（大正3）年4月5日の西桑名～楚原間の開業時に架けたものである。関西本線を越える部分の橋脚2本は、石積みの時代物で一見の価値がある。しかし、この下の幅が単線スペースしかなく、かつ東側には公道が通り複線化の支障となっている。

　かつて国鉄は、朝明信号場（2代目）付近の複線化もめざしていたが、当時の北勢線の所有者だった近鉄との間で費用分担の交渉が決裂。民営化後も事業化の見通しはたっていない。近鉄名古屋線益生駅下車、駅前の馬道歩道橋が撮影ポイントである。

北勢線「関西本線跨線橋」をアンダークロスするＤＤ51 1147号機ほかの重連が牽く下り油タキ（返空）　関西線桑名～朝明（信）

石積の橋脚がレトロな北勢線「関西本線跨線橋」。同線下り軽便電車270系とＪＲ東海上り普通313系1300番代が交差する関西本線桑名～朝明（信）　平成29年6月2日（2枚とも・馬道歩道橋から撮影）

写真コラム　初代・朝明信号場を偲ぶ

　初代・朝明信号場は、現在地（2代目）より約2km南西にあった。位置的には、1983（昭和58）年に新設された朝日駅から桑名方へ約1km、徒歩約15分のところである。

初代・朝明信号場。左側は東芝三重工場の専用線。C57 23（名）牽引の上り普通が停車中。下り気動車から撮影　昭和44年9月21日

初代・朝明信号場跡に残る信号場建屋。左は本線を走るＤＤ51形牽引の上りコンテナ列車　関西本線朝明（信）～朝日　平成31年3月14日

JR東海
朝日（あさひ）

場所 三重県三重郡朝日町大字柿　　**開業** 1983（昭和58）年8月8日

JR東海朝日駅駅名標　平成30年11月1日

●三重県で最も面積が小さな町の第二の玄関

　三重県北勢地域にある小さな町が朝日町。県内で最も面積が小さな町だが、基幹産業は工業で、機械・金属・繊維など多くの誘致工場が立地し、東芝三重工場はその代表。町民の約半分は東芝関係者とかで「東芝の町」とも称されている。町の玄関は近鉄名古屋線の準急停車駅の伊勢朝日。同駅は町の経済の中心でもある小向（おぶけ）地区にあり、東芝

の工場に隣接する。また、朝日小学校・中学校や歴史博物館など、教育機能や文化施設が集まる柿地区にあるのがJR東海の朝日駅。同駅は町の第二の玄関ともいえそうである。

　朝日駅の開業は国鉄末期の1983（昭和58）年8月8日、初代朝明信号場の南西、亀山方

朝日駅は勾配区間の途中にあり上下ホームには勾配標示が立つ。下り本線を通過するDD51形牽引の油タキ（返空）　平成31年3月14日

富田方の築堤を力走するDD51形牽引の上りコンテナ列車
関西本線富田〜朝日
平成30年12月20日

駅界隈を歩く

朝 日

レトロな街並みを観る

　朝日駅の近くには古い住宅や農家が軒を並べ、昭和30年代にタイムスリップしたような街並みも残っている。観光俗化されていないのが魅力で、のんびり散策が楽しめる。

　町内には神社仏閣も多いが、東芝三重工場西側の丘陵中腹に建つ小向神社は由緒ある社。神社に伝わる7対の陶製神酒特利は県の重要文化財に指定されている。朝日駅下車周辺。

朝日駅界隈には旧家や古い住宅などが軒を並べレトロな街並みが残る　平成30年12月20日

約1km付近に設置された。開業当初から終日無人駅で、現在は桑名駅の管理。ホームは相対式2面2線、1番線が下り本線、2番線が上り本線である。駅舎はなく、ホームに小さな上屋があるだけ。昼間は上下とも、普通が30分ごと停車するが、朝は上り・夕方は下り

に区間快速も停車、名古屋への通勤通学客も多い。駅は勾配区間の途中にあり、上下ホームにはそれを示す一般向けの勾配標示を立てているのもユニーク。また、富田方には撮影ポイントが点在し、築堤を走るＤＤ51形の勇姿には迫力がある。

朝日駅は勾配区間の途中にある。ＤＤ51形の下り油タキ（返空）がジェットコースターみたいな線路をエンジンをうならせ上ってきた　関西本線朝日～富田　平成30年6月28日

JR東海・三岐鉄道
富田（とみだ）

場所 三重県四日市市富田三丁目 **開業** 1894（明治27）7月5日

JR東海富田駅駅名標

●専用貨物列車の発着で活気づく駅

富田駅はJR東海の旅客駅だが、同駅には三岐鉄道三岐線の貨物線も乗り入れている。第二種鉄道事業者のJR貨物は、三岐鉄道と貨物連絡運輸を行ない専用貨物列車を運行。同列車はセメント輸送（三岐線の東藤原〜＜富田経由＞〜四日市）がメインだが、炭酸カルシウム・フライアッシュ輸送（同〜＜富田・稲沢・大府・東浦経由＞〜衣浦臨海鉄道の碧南市ほか）も少しある。工場稼働日の繁忙期には1日数往復の専用貨物列車が発着、同駅では機関車の交換を行なうので、原則として両社の機関車が待機する。JRはディーゼル機関車、三岐は電気機関車だが、JRは2019＜平成31＞年3月16日改正で、ＤＤ51形からＤＦ200形に代わった。なお、同駅の貨物業務はJR貨物と三岐鉄道に委託されている。

いっぽう、富田駅の歴史は古い。関西本線の前身、関西鉄道時代の1894（明治27）年7月5日の四日市〜桑名（仮）駅間開通時に開業した。国有化後の1931（昭和6）年7月23日には三岐鉄道が乗り入れてきた。三岐の旅客列車も富田発着だったが、1970（昭和45）年6月25日から大半の列車が近鉄富田駅に乗り入れ、1985（昭和60）年3月14日には富田発着の旅客営業を休止。全列車を近鉄富田発着とした。

富田駅には西口と東口がある。JRは西口側に駅舎があり、それに面した単式ホーム1面1線（1番線・上り本線）と島式ホーム1面2線（2番線・下り本線、3番線は待避線）の合計2面3線。四日市方は単線、名古屋方は複線になる。3番線の東側には三岐鉄道の着発線と側線が何本もあり、この中には旅客営業時代に使用していた島式ホーム1面と駅名標が残る。JR・三岐とも跨線橋で結ばれているが、三岐線ホームに通じる階段は閉鎖中。現在、東口側に駅舎はないが、駅前にはレトロな風格の三岐鉄道本社ビルが建つ。旅客扱いは終日無人で桑名駅の管理、交通系ICカードは簡易改札機で対応している。

三岐線の旧旅客ホームへ東藤原発のセメント列車が入線。まもなく構内で待機中のＤＤ51形と機関車の交換を行なう　関西本線富田　平成30年12月14日

駅界隈を歩く　富田

鯨船を模した屋根の富田の駅舎　平成30年11月1日

富田駅の屋根は捕鯨船

　富田はかつて漁港として栄えた町で、ここでは鯨（クジラ）獲りの漁法が伝えられていたとか。同駅西口の駅舎は1937（昭和12）年に改築されたものだが、往時を偲ぶ面影を残そうと、屋根形は「鯨船」を模して造られたのが特色。今でこそ築80年以上の老駅舎だが、

歴史を辿ると先人の熱意が感じられる。時間があったら途中下車して見学を。

機関車をＤＤ51形に交換し四日市へ向かうセメント輸送の専用貨物列車。三岐線ホームから発車。旧旅客ホームへ通じる跨線橋からの階段も残る　関西本線富田　平成30年10月14日

ファン待望の国鉄色ＤＤ51形の重連（ＤＤ51 1805＋ＤＤ51 825）が油タキを牽引し富田を発車　関西本線富田〜朝日　平成28年6月2日　写真：秋元隆良

JR東海
富田浜（とみだはま）

場所 三重県四日市市富田浜町

開業 1907（明治40）年7月1日
（臨時仮停車場開設時）

●前身は海水浴客専用の "臨時乗降場" だった

　四日市市北部の閑静な住宅街の中に佇む駅が富田浜。前身は関西鉄道時代の1907（明治40）年7月1日、四日市〜富田間に開設された "臨時乗降場"。正式名称は富田浜臨時仮停車場で、富田浜海水浴場への海水浴客の便を図るため、夏場のみ営業した。国有化後の1908（明治41）年に富田浜仮停車場、1928（昭和3）年3月1日には富田浜駅に昇格し通年営業を開始した。海岸までは駅から約300m、水がきれいで白砂青松など天然の好条件に恵まれ、旅館や別荘も軒を並べていた。しかし、1959（昭和34）年の伊勢湾台風で浜は壊滅。四日市のコンビナート誘致などで水質汚染も懸念され、1961（昭和36）年に海水浴場は閉鎖された。

　現在の駅舎は1953（昭和28）年に建て替えられたもので、ホームは相対式2面2線。1番線が下り本線で四日市方は複線、2番線は上り本線で名古屋方は単線となり、列車交換も行なわれる。1970（昭和45）年10月1日から終日無人駅となり、現在は桑名駅の管理。交通系ICカードは簡易改札機で対応する。

JR東海富田浜駅駅名標

富田浜駅は四日市市北部の閑静な住宅街の中にある
平成30年12月14日

切り文字ナンバーのDD51 825号機が油煙を上げ、三岐鉄道三岐線からのセメント列車を牽き富田浜駅を通過する　平成30年12月14日

富田浜

富田浜海水浴跡を偲ぶ

　かつて海水浴客で賑わった海岸は埋め立てられ、富田浜沖には四日市港ポートビルや物流センターなどが建ち、国際貿易港として整備された。浜の跡地には"名四国道"こと国道23号が通っているが、駅の東約200mには松並木が残り、わずかに浜辺の面影を残す。

桜の名所、十四川堤

　富田浜駅の富田方、十四川堤沿いの両岸には約1.2kmにわたり約800本の桜が咲きほこる。四日市の桜名所の1つで、開花期間中は各種イベントを開催。関西本線の車窓からも見え、鉄道写真の撮影ポイントもある。四日市市富田4丁目地内、富田浜駅から徒歩数分。

浜辺の面影を残す松並木　平成30年12月14日

満開の十四川堤の桜に彩られ、"朱色の油機" ＤＤ51形の重連が油タキを牽いてガタゴト走る　関西本線富田浜〜富田　平成30年4月3日

JR東海・JR貨物
四日市（よっかいち）

場所 三重県四日市市本町３丁目　　**開業** 1890（明治23）年12月25日

JR東海四日市駅駅名標

●コンビナートに近い鉄道貨物の拠点

四日市駅は1890（明治23）年12月25日、柘植〜亀山方面から延びてきた関西鉄道の終着駅として開業しました。1894（明治27）年７月５日には桑名（仮）駅までの延長が成り、中間駅となる。国有化後は、1922（大正11）年３月１日に近鉄名古屋線の前身、伊勢鉄道（のちの伊勢電気鉄道）が海山道から延び、省線（→国鉄）の四日市駅に乗り入れた。駅名は当初、新四日市を名乗ったが同年10月１日、四日市に改称。その後、同社は桑名まで延びる。このような経緯から、四日市駅も国鉄と近鉄の共同使用駅だった時代がある。

月日は流れ1956（昭和31）年９月23日、近鉄の四日市市内の短絡線が開通。四日市駅の約１km西方の繁華街に近畿日本四日市駅が開業し、国鉄に隣接した近鉄の四日市駅の灯りは消えた。近畿日本四日市駅は市街中心部に位置し、列車本数も多く四日市市の表玄関に成長する。1970（昭和45）年３月１日には冠称を近鉄に変更し、近鉄四日市となる。

国鉄の単独駅になった四日市駅は1961（昭和36）年、旧近鉄のホーム跡に鉄筋コンクリート２階建ての新駅舎が建ったが、旅客の衰退は拭えなかった。しかし、国鉄分割民営化以降、ＪＲ東海は関西本線の活性化に意欲的で、名古屋〜四日市間では列車を増発、大都市圏特定運賃の適用で運賃は近鉄より安い。だが、単線区間が多くて列車本数では近鉄に歯が立たず、四日市駅の旅客ホームも国鉄時代と同じ島式１面３線のまま。１番線が関西本線の下り本線、２番線が同上り本線、２番線の南方約50mには切り欠き式の３番線がある。３番線は非電化で、四日市始発の伊勢鉄道直通の普通のみが使用。何本もの線路のうち電化路線は、島式ホームを挟む上下本線２本と下り本線西側の待避線（非電化）を介した側線１本の合計３本。旅客扱いは東海交通事業に業務委託され、桑名駅の管理である。

いっぽう、四日市駅は臨海部に近く、コンビナートの誘致で貨物の取扱量は多かった。同駅からは貨物支線や工場を結ぶ専用線も分岐。旅客駅の東側には貨物駅が広がり、現在はコンテナ貨物と車扱貨物の取扱駅である。コンテナホームは４面、同荷役線は７線、複数の留置線と検修線２線もある。検修線には検修庫も併設し貨車（タンク車、ホッパ車など）の点検を行ない、石油輸送に使うタンク車の常備駅（塩浜駅と分担）にもなっている。

懐かしの近鉄ホーム。かつて四日市は国鉄と近鉄の共同使用駅だった。近畿日本名古屋行き急行が停車中　昭和31年9月20日　写真：伊藤禮太郎

四日市の市街東部に立派な駅舎を構えるＪＲ四日市駅。旧近鉄ホームの跡地に建っている　平成30年12月22日

四日市駅構内を望む。中央の島式ホーム1本が旅客用。隣接する左右は待避線や側線、東側には貨物駅が広がる。ＤＤ51形重連の油タキが停車中　平成30年2月3日　＜Ｊ＞

旅客ホームは島式1面3線。構内で憩うＤＤ51形、2番線を発車した下り亀山快速313系1300番代、切り欠き式3番線は伊勢鉄道下り津行きイセⅢ形　平成30年12月14日

なお、コンテナホーム北端には、ＪＲ貨物の四日市総合事務所と四日市営業所がある。

　ＤＤ51形が全盛期だった頃、構内では折返し待ちで憩う複数の同機の姿が見られた。貨車の入換えはＤＥ10形がメインだが、国鉄型の両機の活躍で活気づいた四日市駅の名場面も、遥かなる昭和・平成の思い出となってしまった。

四日市駅構内で貨車の入換えに活躍する愛知機関区のＤＥ10形。コスモ石油四日市製油所から満タンのタキを牽き出してきた　平成30年12月14日

日本通運が保有するＬ形ＤＬ。四日市駅構内ではコスモ石油四日市製油所の構内・専用線でタキの入換にスイッチャーとして活躍　平成31年3月14日

四日市駅構内で発車待ちの上り石油列車。旋回窓のＤＤ51 1147＋ＤＤ51 1146の"北海道重連"は人気があった　平成30年2月3日　＜Ｊ＞

四日市駅のトワイライト。光輝く鉄路にＤＤ51形のヘッドライトが２つの光玉を加え、夜のとばりが幻想の世界へと誘い込む。冬至の頃の光景　平成30年12月22日

ライフワークの中にもＤＤ51形は溶け込んでいた。八百屋の前の踏切をいつもの時間に貨物列車は通過する　平成30年12月27日

四日市コンビナートの煙突群をバックに海蔵川を渡るＤＤ51形重連が牽く上り油タキ　関西本線四日市～富田浜　平成29年6月2日

旋回窓の"北海道重連"が海蔵川橋梁に挑む築堤を力走する。ＤＤ51 1146＋ＤＤ51 1147が牽く下り油タキ（返空）関西本線富田浜～四日市　平成30年2月3日　＜Ｊ＞

駅界隈を歩く

四日市

昔の駅前に残る庶民の社交場

　ＪＲの四日市駅はコンビナート四日市の"貨物玄関"といった印象が強く、線路を介した東側の貨物駅はいつも活気がある。しかし、立派な駅舎を構える西側の旅客駅は閑散とし、駅前にコンビニエンスストアもない。では、いつ頃から元気がなくなってしまったのか。それは近鉄の駅が移転した1956（昭和31）年9月23日以降のようである。

　かつて四日市駅は国鉄と近鉄の共同使用駅で、当時の駅舎は現在の駅舎の北方、ハローワークが建っている辺りにあった。ここは四

日市市の玄関で、駅前には飲食店を中心にさまざまな店舗が軒を並べていた。あれから約60年、今も往時の建物が残る一角もあるが、大半はシャッター通りと化している。

　そうしたなかで、昔の店舗で営業を継続しているのが、本町駐車場前にある「三和商店街」。アーケード型のＬ字型小路だが、東玄関は映画のセットのような威容な造り。それは"昭和のカオス"が静止し、時代物の建物には古き良き時代の物語が詰まっているようにも見える。営業店舗の多くは居酒屋だが、ユニークな風貌を好む赤提灯ファンなら、つい足を進めてみたくなる天地かも……。近隣には温もりを感じさせる食堂や昔ながらの銭湯もあり、昔の駅前には庶民の社交場が現役である。

映画のセットではなく本物の"昭和のカオス"。三和商店街東玄関　平成31年3月14日

旧駅前の商店街の一角にある銭湯「四日市温泉」　平成30年12月22日

撮影ポイント　浜田踏切付近

　四日市駅の桑名方、駅からいちばん近い踏切が浜田踏切である。ここでは駅構内が一望でき、発車待ちの貨物列車が２本並ぶ時間帯もある。ＤＤ51形、ＤＦ200形、入換え用のＤＥ10形など、機関車の撮影・見学場所としてもお薦めしたい。なお、貨車の入換えも多く、それにかかると開かずの踏切となる。

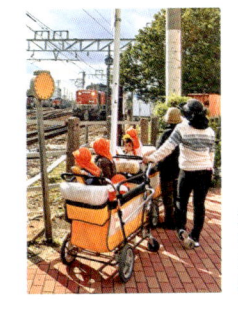

浜田踏切で機関車を見学する保育園の園児たち　平成30年12月14日

JR貨物
四日市駅構内側線
"四日市港線"

開業 1920(大正9)年12月21日

末広橋梁の主桁に掲出されている「昭和六年十二月製造」の銘板

●日本最古の現役鉄道可動橋
重要文化材「末広橋梁」

四日市市は伊勢湾にのぞむ近代港湾都市である。四日市港はその中枢で、三つの埠頭がある千歳町はJR四日市駅の南東、同市末広町東側の千歳運河を挟んだ対岸に位置する。運河には鉄道と道路に可動橋が架かり、鉄道は「末広橋梁」、道路は「臨港橋」と呼ばれる。

可動橋とは、低い位置に架かる橋梁を船舶が横切るとき、船の帆柱などが橋桁に接触しないよう、必要に応じて橋桁を展開可能な構造にした橋だ。橋桁が跳ね上がる跳開式が最も多く、かつては日本各地に存在したが、千歳運河のそれは道路用も含め跳開式である。

さて、伊勢湾を埋め立てた末広町に続き、近隣の千歳町も造成されたのは大正時代。こ

のとき千歳運河も完成し1920(大正9)年12月21日、省線(→国鉄→JR)四日市駅と四日市港駅を結ぶ約2.5kmの貨物支線も開通した。千歳運河の末広橋梁は当初、ふつうの橋だったが、港の発展とともに船舶の航行回数が増え、のち可動橋に架け替えらえた。

末広橋梁は4連が鉄桁、1連がコンクリート桁の5連で構成され、中央の跳開部の主桁が西側(四日市駅側)を支点に動く。開閉は門型鉄柱の頂部に渡されたケーブルをウィンチにより動作させる。日本の橋梁コンサルタントとして著名な山本卯太郎氏の設計で、主桁には昭和6年(1931)製の銘板が付いており、可動橋化は昭和6年頃との説が有力だ。

貨物支線は書類上、国鉄末期の1985(昭和60)年3月14に廃止。この日から四日市駅構内の側線として扱われ、通称"四日市港線"と呼称されている。同線は非電化で運行はおもに平日、三岐鉄道三岐線の東藤原と太平洋セメント四日市出荷センターを結ぶセメント列車が、関西本線の富田・四日市経由で1日最大数往復走る。同列車は2019(平成31)年3月16日改正で、DD51形からDF200形の牽引に変わった。末広橋梁はSL時代、軸重が重いD51形も運行していたため強度的な問題はなく、旧四日市港駅付近の路盤強化で対応したとか……。なお、毎年5〜6月頃はセメント工場が保守・点検のため運休する。

国鉄色が懐かしい
ＤＤ51形牽引のセ
メント列車が末広
橋梁を渡る　平成
21年4月21日

跳開部が開くと船
舶がゆっくり進む、
開閉稼動も一見の
価値がある　平成
20年10月8日

　末広橋梁は列車が走らない時、橋桁は約80°の角度で跳ね上げてあるが、降下は列車通過の少し前。稼動時間は上昇が約1分30秒、下降は約2分。降下完了後は稼動しない橋桁の線路との間に止め具をかける。この作業は名古屋臨海鉄道に業務委託され、列車の通過時刻が近づくと係員が自転車で駆けつけ、四日市駅側にある機械室で操作を行なう。

　鉄道用の可動橋で現役なのは末広橋梁だけで、それも日本最古。1998（平成10）年には国の重要文化財（近代化遺産建造物）に指定。また、2009（平成21）年に経済産業省から近代化産業遺産に、2015（平成27）年には日本機械学会の機械遺産にも認定された。

日本最古の現役鉄道可動橋「末広橋梁」の全容。画面左側の小屋は操作室。ＤＤ51形牽引の太平洋セメント四日市出荷センター発のセメント列車が橋を渡る　平成30年7月12日

国指定重要文化財「末広橋梁」案内板。機械室の操作を行なう係員は自転車でやって来る。平成29年2月13日

跳ね上げ稼動中の主桁　平成29年2月13日

運河の水面に朱色の車体を移しながら、国鉄色のＤＤ51形牽引のセメント列車がゆっくり末広橋梁を渡る　平成9年12月6日

平成31年3月16日のダイヤ改正で、末広橋梁を渡るセメント列車もＤＤ51形からＤＦ200形にバトンを渡した　平成31年3月18日

千歳運河

太平洋セメント四日市出荷センター専用線

　千歳運河を末広橋梁で渡ったセメント列車は、旧四日市港駅に停車。ＪＲの機関車（2019＜平成31＞3月16日改正でＤＤ51形からＤＦ200形に交代）は機回しされ、末広橋梁の手前まで引き上げる。線路は北東に延びる太平洋セメント四日市出荷センターの専用線につながっているが、まもなく同センターのスイッチャーが空タキを牽き、隣の線路に入線。ＪＲの機関車はその空タキを牽引し、四日市駅へ戻っていく。その後、同スイッチ

ャーも機回しされ、満タンのタキを牽き同センターへ折り返す。これは"四日市港線"の貨物列車運行日に、旧四日市港駅で見られる光景である。入換えは信号システムが未整備のため無線で行ない、ポイントも昔懐かしいダルマポイント（切替えレバーに円形のおもりが付く）のため、そのすべてが運転を扱う係員の手作業だから"味"がある。

　スイッチャーは、赤の50t機「ＤＤ511」（1983＜昭和58＞年・日本車輌製）と、白の45t機「ＤＤ452」（1982＜昭和57＞年・富士重工製）の2両がいる。ＤＤ511の前所有車は栗林商会（ＪＸ日鉱日石エネルギー室蘭専用線を受託）で2014（平成26）年に、ＤＤ452の同は高崎運輸（倉賀野で使用）で1999（平成11）年に入線した。両機はほぼ1カ月ごとに交代し運用に就いているようだ。

ＪＲの機関車が末広橋梁の手前まで引き上げると、太平洋セメントのスイッチャーが空タキを牽いてやって来る。ＤＤ452が牽引する同列車　平成30年11月24日

満タンのタキを牽引して出荷センターに向かうＤＤ511　平成31年3月18日

旧四日市港駅で入換え中のＤＤ452　平成30年11月24日

太平洋セメント四日市出荷センター。構内で待機中のＤＤ511（左）と上屋付き車庫で休むＤＤ452（右）平成31年3月18日

道路用の可動橋「臨港橋」

道路用の可動橋「臨港橋」は、末広橋梁の南方約300mに架かる。施設は1991（平成3）年11月に架け替えられた3代目で、全長72.6m・幅員11m・可動部の長さ26.1m。跳ね上げ角度は約70°で、油圧ジャッキにより動作する。自動車優先のため、通常は降下したままの状態が長い。道路交通の遮断は、鉄道と同じ踏切用の警報機と遮断機が作動する。

ちなみに、初代の橋は1932（昭和7）年に架けられ、幅員・可動部とも現在のほぼ半分のサイズ、橋の中央にはトロッコ用のレールも敷かれ、末広橋梁と同じ山本卯太郎の作品だった。2代目は1963（昭和38）年に架け替えられた。

道路用の可動橋「臨港橋」。道路交通の遮断は鉄道用の警報機と遮断機が使われているのもユニークだ　平成30年11月24日

可動橋はすばらしい産業観光資源

石油化学コンビナートの街として栄えてきた三重県四日市市は、日本の四大公害という負の歴史を克服。その産業資源を"地域の光"として輝かせ、観光の目玉にしている。

市内には産業観光資源が点在しているが、可動橋も"動く文化財"として人気の的。ちなみに船の航行時、鉄道用の「末広橋梁」と道路の「臨港橋」の2つの可動橋がともに跳ね上げられた光景は、観光客らの視線を浴びている。なお、ＪＲ四日市駅（旅客駅）駅舎内には有料のレンタサイクルがある。

跳ね上がった主桁、船舶がゆっくり通る平成20年10月8日

●鉄道橋の「末広橋梁」は、2018（平成30年）9月30日の台風24号による被災で機械室が浸水、電気機器が漏電状態にあり、安全確保のため跳ね上げを停止した。大規模な修繕が必要なため、復旧にはかなりの日数がかかりそうだったが、2019（令和31年）のＧＷ明けに完了し、5月17日から稼動を再開した。

JR貨物・近鉄
塩浜（しおはま）

場所 三重県四日市市馳出町JR　**開業** 1944（昭和19）年6月1日JR

アクセス＝近鉄名古屋線　塩浜駅下車すぐ

●四日市第1コンビナートの鉄道貨物の拠点

　関西本線の四日市から分岐する貨物支線が通称 "塩浜線"。四日市コンビナートをバックに、中小の工場や倉庫、住宅がところ狭しと並ぶ下町の中を走る単線・非電化路線で、四日市コンビナート第1地域（塩浜地区）の中心、塩浜までの3.3kmを結ぶ。JR貨物が第一種鉄道事業者で、その塩浜駅は近鉄名古屋線の塩浜駅東側に隣接。国鉄時代、近鉄も狭軌1067mm軌間だった1959（昭和34）年頃までは、両社間に連絡線も存在した。

　塩浜駅の構内南端では、昭和四日市石油の専用線が接続し同社四日市製油所の構内まで延びている。かつて同線の途中では三菱油化の専用線（1980＜昭和55＞年廃止）が分岐し、同じ構内南端には石原産業専用鉄道（2008＜平成20＞年廃止）も接続していた。また、構内北方の近鉄海山道駅東側では三菱化学専用線（2011＜平成23＞年廃止）なども接続し、塩浜駅は塩浜地区の鉄道貨物の拠点として機能していた。

　貨物支線と塩浜駅の開業は第二次世界大戦中の1944（昭和19）年6月1日で、当初は接続する専用線とともに軍需路線の色彩が濃かった。戦後は旧海軍燃料廠跡地を三菱系企業などに安価で払い下げ、日本初の石油化学コンビナートを誘致。鉄道はその輸送などで活気づいていたが、時代の流れとともに輸送体系が変化し、順次トラック輸送にシフトした。

JR貨物塩浜駅の駅名標　平成30年12月27日

塩浜駅の駅舎。側線に停車中のDD51形牽引の油タキ。後方は塩浜の住宅街と四日市コンビナートの工場群　平成29年2月13日

　現在、塩浜駅で接続する専用線は前述の1路線のみだが構内は広く、近鉄塩浜駅に隣接する西側から順に、到着線1本と出発線1本、側線や貨車留置線が何本もある。なお、石油輸送用貨車の常備駅で、四日市駅とともにタンク車が分担留置されている。ちなみに "塩浜線" の主役もDF200形に代わったが、"朱色の油機" DD51形の運用も残り、新旧名優の共演が見られる風情豊かなローカル線である。

出発線で発車待ちのＤＤ51形
重連の上り油タキ（右）と、側
線で次発準備入換え中のＤＤ
51形単機（左）　関西本線塩浜
（貨物駅）　平成29年2月13日

住宅街の中をガタゴト走る
ＤＤ51形牽引の上りローカル
貨物　関西本線塩浜（貨物駅）
〜四日市（近鉄名古屋線の海山
道駅東口前）　平成30年12月
27日

倉庫や住宅がところ
狭しと建ち並ぶ下町
をＤＤ51形重連が
牽く下り油タキ（返
空）がガタゴト走る
関西本線四日市〜塩
浜（貨物駅）　平成
30年7月12日

国鉄色のＤＤ51 1805＋ＤＤ51 853の重連が牽く上り石油列車。単線・非電化の"塩浜線"は昭和ロマンの趣
関西本線塩浜（貨物駅）～四日市　平成28年6月2日　写真：秋元隆良

瓦屋根の日本住宅をバックに走るＤＤ51形重連の単機回送。先頭は国鉄色のＤＤ51 853号機　関西本線四日市～塩
浜（貨物駅）　平成29年6月23日

塩浜駅

昭和四日市石油専用線

　塩浜駅の構内南端、着発線の終点からさらに南方へ延びる線路が２本ある。その左側が昭和四日市石油（出光グループの中核製油所）の専用線で、構内を出ると左にカーブしながら市道の高架をアンダークロス、進路を東に向けると主要地方道６号と平面クロスし、同社四日市製油所の構内へと入っていく。途中まで右側にはもう１本の線路が並行するが、これは2008（平成20）年に廃止された石原産業専用鉄道の廃線跡である。

　昭和四日市石油専用線への入換えと牽引は、日本通運のＬ型スイッチャーが担当。28t機の小型ディーゼル機関車、14・15号機（1996＜平成８＞年、北陸重機工業製）が背中合わせの重連で活躍。この姿はとてもユニークである。

ＪＲ貨物の塩浜駅から
近鉄の塩浜駅を覗く

　ＪＲ貨物の塩浜駅と近鉄の塩浜駅は隣接している。ＪＲ側の公道からは両駅を見渡せるが、近鉄の塩浜駅構内には、名古屋輸送統括部管内と養老鉄道（養老線）などの車両を整備する塩浜検修車庫も併設。同車庫には、養老線管理機構が東急テクノシステムから購入した元・東急電鉄池上線の7700系電車が、改造や整備などで入庫していることもある。

　ＪＲ貨物のＤＤ51形と東急7700系は同世代の仲間だが、ＤＤ51形は間もなく勇退するのに、7700系はステンレス車体で、電装品などは取替済のため、養老鉄道でこの先30年は使用されるかも……。近鉄の駅で東京の電車とＤＤ51形とのツーショットが見られるのも面白い。

背中合わせの重連で塩浜駅にタキを受取りにきた日本通運のＬ形スイッチャー 14・15号機

昭和四日市石油専用線の石油列車。同社四日市製油所から14・15号機の重連が満タンのタキを牽き出す。右の線路は石原産業専用鉄道の廃線跡　平成30年12月27日（２枚とも）

ＪＲ貨物の塩浜駅で待機中のＤＤ51形と近鉄の塩浜検修車庫に入庫中の元東急7700系とのツーショット　平成30年12月27日

ＤＤ51形関連
半世紀の動向

●ＳＬ天国だった関西本線の名古屋口

昭和40年代初頭、名古屋地区でも亜幹線の無煙化は一歩ずつ進んではいたが、まだまだ蒸気機関車＝ＳＬの活躍が続いていた。

なかでも関西本線名古屋口の名古屋〜亀山間は、名古屋近郊の通勤通学路線ながらも、旅客列車の多くは客車列車で名古屋第一機関区のＣ57形が、貨物列車は稲沢第一機関区（稲一区）のＤ51形が牽引していた。沿線はローカルムードが漂い、大都市近郊とは思えないロケーションが注目され、休日ともなれば大勢のレイルファンが撮影に訪れていた。

黒煙を吐き上げ驀進するＤ51 739（稲一）牽引の上り貨物　関西本線加佐登〜鈴鹿（現：河曲）　昭和44年9月21日

関西本線の旅客列車の多くは昭和44年9月までＳＬ牽引の客車列車だった。お召機Ｃ57 139（名）牽引の下り亀山行き普通　関西本線弥富〜長島　昭和44年9月27日

●稲沢第一機関区の無煙化は昭和46年

関西本線名古屋口の名古屋〜亀山間は客貨ともにＳＬ天国だったが、名古屋機関区のＣ57形が牽引する旅客列車は、1969（昭和44）年10月１日のダイヤ改正で、稲沢第一機関区配置で名古屋機関区に常駐するＤＤ51形７両（661〜667号機）に置き換えられた。

しかし、貨物列車は引きつづき稲一区のＤ51形が牽引していたものの、1971（昭和46）年４月26日に同区のＤＤ51形に置換えられ、関西本線名古屋口と東海道本線 貨物線の"稲沢線"からＳＬが姿を消した。ちなみに、名古屋駅の名物だった「新幹線ホームか

ら眺められるＳＬ」も見納めとなり、この日は名古屋駅の"無煙化記念日"でもある。この無煙化で、関西本線の客車列車を牽引していた名古屋機関区常駐のＤＤ51形も稲一区に戻り、同線は客貨ともに稲一区のＤＤ51形の共通運用になった。また、同日付けで稲一区の入換用9600形も運用を終了した。

いっぽう、名古屋港線の名古屋港駅では入換用にＣ50形が引きつづき活躍。同機は稲一区に２両配置されていたが、このＣ50形も約３カ月後の1971（昭和46）年８月１日にディーゼル機関車のＤＥ10形に交代し、稲一区の無煙化が完了した。

名古屋機関区のＣ57形はヨンヨントオ改正（昭和44年10月改正）でＤＤ51形に交代。Ｃ57 139（名）牽引のさよならＳＬ旅客列車 関西本線名古屋〜笹島（信） 昭和44年９月30日

名古屋駅新幹線ホームからＳＬが眺められたのは昭和46年４月25日限り。"稲沢線"から関西本線の四日市へ向かう同日のＤ51 2（稲一）牽引の下り貨物列車

関西本線名古屋口からＳＬ消える。惜別マークを掲出し四日市駅を発車するＤ51 2＋Ｄ51 851（稲一）の重連が牽く上り貨物列車 昭和46年４月25日

●電化されてもＤＤ51形の活躍は続く

　その後も動力近代化の波は加速し1982（昭和57）年５月17日、関西本線名古屋〜亀山間の電化が成る。稲一区のＤＤ51形牽引の客車列車を含め、旅客はローカル列車を電車化、増発のうえパターンダイヤ（当初は1時間間隔）を導入し、都市近郊線に生まれ変わった。

　しかし、貨物列車は一部の駅の待避線や四日市付近の貨物支線などに非電化区間が残るため、引きつづき稲一区のＤＤ51形を使用。その活躍は平成時代も全うしたのである。

関西本線名古屋口の電化でＤＤ51形牽引のローカル客車列車が消える。ＤＤ51 652（稲一）牽引の下り亀山行き普通　関西本線八田〜蟹江（当時）昭和57年５月15日

電化後も貨物列車は支線などが非電化のためＤＤ51形が活躍。車掌車ヨや有蓋車ワムなどを連ね国鉄色のＤＤ51 822（稲一）が牽く下り貨物　関西本線永和〜弥富（当時）昭和57年４月24日

●愛知機関区が誕生

　ＤＤ51形の砦の稲沢第一機関区は、1985（昭和60）年３月14日に電気機関車区の稲沢第二機関区と統合され稲沢機関区になる。

　ＪＲ発足後、稲沢機関区はＪＲ貨物（日本貨物鉄道）東海支社の管轄となるが、1994（平成６）年５月２日に稲沢機関区と稲沢貨車区を統合。車両配置区は愛知機関区に改称し、稲沢機関区は乗務員区として分離独立し現在に至っている。

　なお、ＪＲ貨物30周年にあたる2017（平成29）４月１日には、愛知機関区のＤＤ51 1802号機に記念のヘッドマークを掲出し、関西本線などで運用された。

●ＪＲ貨物の原色ＤＤ51形は引退

　愛知機関区のＤＤ51形は両数こそ少なくなったものの定期運用があり、平成時代末期も毎日、元気な姿が見られた。レイルファンの人気も全国区に上昇、2016（平成28）年秋の稼働可能車は、更新Ａ車15両と国鉄カラーの原色未更新車２両の総勢17両であった。

　しかし、国鉄カラーの原色未更新車でＤＤ51形のラストナンバー 1805号機は2016年12月15日限りで、同じ原色の853号機も翌2017年７月26日をもって運用を離脱。両機は2017

国鉄民営化によるＪＲ貨物発足30周年を記念し「ＪＲ貨物30」のヘッドマークを掲出して走るＤＤ51 1802（愛）牽引の上りコンテナ列車　関西本線春田〜八田　平成29年４月１日

年度中に廃車となり、2018（平成30）年5月28〜31日に解体された。

愛知機関区のＤＤ51形で国鉄色のまま最後まで活躍したのは853号機であった。関西本線蟹江　平成29年6月19日

●後継機ＤＦ200形が登場

2016年度からは後継機となる20m級の箱型大型機、電気式ディーゼル機関車ＤＦ200形の投入が始まった。同機は1992（平成2）年、ＪＲ貨物がＤＤ51形の後継機として量産先行車900番代・901号機を製作。活躍の舞台は北海道がメインのため耐寒・耐雪構造、小型高出力のＶ型12気筒エンジン2基を搭載。パワーユニット（エンジン・発電機・主変換装置・主電動機）は小型化され、ＶＶＶＦインバータ制御、軸配置はBo‐Bo‐Bo、運転整備重量は96t、最高速度は時速110kmである。

1994（平成6）年〜1998（平成10）年に、エンジンを900番代と同じドイツ・ＭＴＵ社製1700PSを搭載した量産車の0番代12両（1〜12号機）。1999（平成11）年〜2004（平成16）年には、エンジンをＤＤ51形のＢ更新車と同系統の1800PS、コマツ製ＳＤＡ12Ｖ170‐1形に変更した50番代13両（51〜63号機）。そして2005（平成17）年〜2011（平成23）年には、ＶＶＶＦ（可変電圧可変周波数制御）インバータのパーツをＧＴＯ（ゲートターンオフ）サイリスタからＩＧＢＴ（絶縁ゲートバイポーラトランジスタ）に変更した100番代23両（101〜123号機）が新製された。

しかし、その後は北海道でも貨物列車が減少。道内唯一のＤＦ200形の砦、五稜郭機関区では余剰車が出たため、車齢の新しい100番代の一部を本州へ転属させることになった。トップバッターは113号機で、製造元の川崎重工業に入場し、防音強化やＡＴＳをＰＦ形に変更するなどの種々改造を施工、新たに200番代の番代区分を冠した223号機が2016（平成28）年7月、愛知機関区にやってきた。

ＤＦ200形の本州投入は初めてであり、愛

北海道を舞台に貨物列車の先頭に立つＤＦ200形。同0番代1号機が牽引するコンテナ列車　室蘭本線黄金〜崎守　平成27年8月1日

知機関区回着後は種々試運転を実施。そうしたなかで2016（平成28）年9月下旬から10月上旬には白昼堂々、稲沢～四日市間でＤＦ200形223号機にＤＤ51形重連を連結した試運転が行なわれ、下りは三重連単機、折返しの上り試9072列車（72列車のスジ）では満タンのタキを牽引し注目された。

　ＤＦ200形の試運転は進み、2017（平成29年）3月17日のダイヤ改正では同機の仕業を4本新設。しかし、乗務員の習熟訓練などの都合で暫定的にＤＤ51形重連の代走が続き、その間にＤＦ200形は2017年12月に216号機、2018年2月には220号機も回着した。

　ＤＦ200形も3両になれば予備車の確保が可能となり、トップをきって2018（平成30）

年2月1日から216号機の運用が始まる。ＤＤ51形の重連は順次ＤＦ200形の単機牽引に置換えられ、同年6月に222号機も加わると総勢4両に増え、2018年7月25日にはＤＤ51形重連によるＤＦ200形の代走は消滅。この時点でのＤＤ51形の稼動車は、第一種休車（一休車）を除き9両（825・857・1028・1146・1156・1801・1802・1803・1804号機）を確認した。

●愛知機関区のＤＤ51形も風前の灯

　2019（平成31）年3月16日ダイヤ改正時における愛知機関区のＤＤ51形の配置は、500番代＝1028・1146（旋回窓）・1147（同）・1156（同）、800番代＝825・857・890・891・1801・1802・1803・1804の合計12両である。

　そうしたなかで、ディーゼル機関車（内燃機関車）の全般検査（全検）として定められた最大検査周期は8年。しかし、ＪＲ貨物はＤＤ51形の全般検査を2015年（平成27年）で打ち切っており、"最後の砦"の愛知機関区で同改正以降、その8年未満は8両である。

　825号機（最終全検日・大宮車両所2013年1月）、857号機（同2013年8月）、※891号機（同2011年6月）、1028号機（同2015年4月）、1801号機（同2015年5月）、1802号機（同

ＤＦ200形の愛知入りのトップは223（旧123）号機。試運転でＤＤ51形重連（825＋1028）の前部に連結した三重連単機　関西本線八田～春田　平成28年10月1日　写真：加古卓也

北海道で活躍していた頃のＤＦ200-120号機（現：220号機）。撮影当時このカマが愛知区に転属してくるとは想像もしなかった　函館本線大沼～仁山　平成26年6月27日

新仕様に改造され愛知区に転属したＤＦ200-220（旧120）号機。上り石油列車を牽引する同機とＤＤ51形とのツーショット　関西本線四日市　平成30年5月31日

2012年9月）、※1803号機（同2011年8月）、1804号機（同2012年4月）。

※第一種休車（一休）中

しかし、同改正以降の稼働車を確認すると、上記8両のほか、Ａ寒冷地仕様で旋回窓（北海道仕様）の1156号機（最終全検日2010年10月に苗穂車両所）も元気だった。1156号機は最終全検日から8年以上経過しているものの、第一種休車（一休）の期間が長かったようで、走行距離を抑え延命したかと思われる。また、稲沢駅旅客ホーム前の休車・廃車群の中には、「一休車」の札が入った891号機、車検切れの1146号機、最大検査周期はオーバーしているが「一休車」の札が入ったままの1147号機（北海道仕様）がいた。その後、同年5月25日にその休・廃車群を確認すると、2019年4月に車検が切れた890号機も加わり、891・1146・1147号機共々、「一休車」の札はもちろん区名札も外されていた。

ちなみに、愛知機関区に集まった近年の仲間は、北海道の鷲別機関区からやってきた1146・1147・1156号機を含め、広域転配によるさまざまな履歴のベテランたちが集結。この光景は全国一社のＪＲ貨物の特性を浮き彫りにしており、ＳＬ末期と同様の転配は、国鉄時代を彷彿とさせる。

2019（平成31）年3月16日のダイヤ改正では、富田（三岐鉄道三岐線・東藤原発着）〜四日市間のセメント列車がＤＤ51形からＤＦ200形の運用に置き換えられ、可動橋の「末広橋梁」を渡る貨物列車はＤＦ200形に代わった。このほかのＤＤ51形の運用で特筆されるのは、ＤＦ200形の下り油タキ（返空）臨8075列車（塩浜行き）の前補機扱いで、ＤＤ51形を連結した変則重連が登場。詳しくは148〜150ページを参照してほしい。

引きつづき2019年（平成31）度もＤＦ200形が追加投入され、4月5日に5両目の205

旋回窓に北海道仕様の面影が残るＤＤ51 1156号機の最終全検日は2010年10月9日、一時的に使用を休止した第一種休車期間があったのか元気な姿を見せていた　東海道本線稲沢　平成31年1月8日

ＤＤ51 1801号機の最終全般検査日は2015年5月29日、ＤＤ51形の最終全検機でもあり愛知区の同カマではラストまで活躍しそうである　東海道本線稲沢　平成31年1月7日

ＤＦ200-106号機も改造後は206号機となり愛知機関区へ転属。これで同区のＤＦ200形は定数に達したはずだ　関西本線春田　令和元年6月26日

（旧105）号機が改造先の川崎重工業から回着。同機はその後、全般検査のため苗穂工場入りし北海道へ里帰りした。また、6両目の206（旧106）号機が2月から川崎重工業に入場していたが、6月4日に愛知区へ回着し同17日から戦列に就いた。

2019（平成31）年3月16日現在

愛知機関区ＤＤ51形配置車のデータ

（全車、更新Ａ車）

<凡例>

製造所

　三菱＝三菱重工業、日立＝日立製作所

配置区

　稲一＝稲沢第一機関区、稲沢＝稲沢機関区、愛知＝愛知機関区、厚狭＝厚狭機関区、千葉＝千葉機関区、佐倉＝佐倉機関区、吹田＝吹田機関区、岩二＝岩見沢第二機関区、鷲別＝鷲別機関区、熊本＝熊本機関区、鳥栖＝鳥栖機関区、直方＝直方機関区、門司＝門司機関区、幡生・厚狭＝幡生機関区厚狭派出

最検＝最終全検施工年月

825号機（稼動車）

　現役車での最若番、ナンバー表示が切り文字タイプで人気、稲一時代からの生え抜き組。昭和44年度第4次債務車、新製1970（昭和45）年9月・三菱、新製時配置区＝稲一、車歴＝1985（昭和60）年に稲沢、1994（平成6）年に愛知。最検2013（平成25）1月・大宮

857号機（稼動車）

　スノープラウ付きだが寒冷地仕様車ではない。山陰本線迂回貨物でも活躍した。昭和47年度民有車、新製＝1973（昭和48）年1月・三菱、新製時配置区＝厚狭、車歴＝1992（平成4）年に稲沢、1994（平成6）年に愛知。最検2013（平成25）8月・大宮

890号機（車検切れ）

　昭和49年度第2次民有車、825・891号機らとともに稲沢の主。新製＝1974（昭和49）年11月・三菱、新製時配置区＝稲一、車歴＝1985年に稲沢、1994（平成6）年に愛知。最検2010（平成22）4月・大宮

891号機（一休車）

　新製時から稲沢の生え抜き組、新製＝1974（昭和49）年11月・三菱、新製時配置区＝稲一、車歴＝1985年に稲沢、1994（平成6）年に愛知。最検2011（平成23）6月・大宮

1028号機（稼動車）

　九州地区で活躍した元「赤ナンバー」機、更新工事Ａでナンバーも他車と同色に。昭和47年度民有車、新製＝1973年3月・三菱、新製時配置区＝熊本、車歴＝1981（昭和56）年に鳥栖、1984（昭和59）年に直方、1986年（昭

和61）に門司、1992（平成４）年に稲沢、1994（平成６）年に愛知。
最検2015（平成27）４月・大宮

1146号機（車検切れ）

旋回窓の北海道仕様車。鷲別から愛知へ転配後はＪＲ東海のＡＴＳ－ＰＦ未搭載のため休車が続いた。2015（平成27）10月に愛知で交番検査、翌2016年１月に大宮所で保安装置を設置し現役復帰。昭和49年度第一次債務車。新製＝1975（昭和50）年７月・日立、新製時配置区＝岩二、車歴＝1985（昭和60）年に鷲別、2013（平成25）年に愛知。最検2012（平成24）12月・苗穂

1147号機（車検切れ）

旋回窓の北海道仕様車。鷲別から北九州の門司へ広域転配され幡生・厚狭のカマらと"岡見貨物"も牽引、その後愛知へ。休車期間を経て2016年現役復帰。昭和49年度第一次債務車、新製＝1975年７月・日立、新製時配置区＝岩二、車歴＝2012年（平成24）年に門司、2013年に愛知。最検2009（平成21）12月・苗穂

1156号機（稼動車・最終全検日から８年以上経過、一休車で走行距離を抑え延命したのか？）

北海道仕様車で旋回窓・A寒冷地仕様車だが、1146・1147号機共々スノープラウは撤去、そこにＡＴＳ－ＰＦの保護板を設置。昭和49年度第一次債務車、新製＝1975年６月・三菱、新製時配置区＝岩二、車歴＝1986年に鷲別、2014（平成26）年に愛知。
最検2010（平成22）10月・苗穂

1801号機（稼動車）

ＤＤ51形の最終全検機で車検が2023年５月まである。スノープラウ付き。昭和52年度本予算車、新製＝1978（昭和53）年３月・日立、新製時配置区＝佐倉、車歴＝1997（平成９）年に千葉、2001（平成13）年に愛知。
最検2015（平成27）５月・大宮

1802号機（稼動車）

成田空港ジェット燃料輸送で1801〜1804号機ほかと誕生。山陰迂回貨物にも活躍。昭和52年度本予算車、新製＝1978年２月・三菱、新製時配置区＝佐倉、車歴＝1997年（平成９）に千葉、2001（平成13）年に吹田、2008（平成20）年に愛知。最検2012（平成24）９月・大宮

1803号機（一休車）

成田空港組の仲間。車検期限は2019年８月。スノープラウ付き。昭和52年本予算車、新製＝1978年２月・三菱、新製時配置区＝佐倉、車歴＝1997年に千葉、2001年に愛知。
最検2011（平成23）８月・大宮

1804号機（稼動車）

現役ＤＤ51形のラストナンバー、スノープラウ付き、山陰本線迂回貨物にも活躍。昭和52年度本予算車、新製＝1978年３月・三菱、新製時配置区＝佐倉、車歴＝1997年に千葉、2001年に愛知。最検2012（平成24）４月・大宮

現役最古参、切り文字ナンバーの825号機

現役最終ナンバーの1804号機

愛知機関区のＤＤ51形が応援に駆けつけた
"山陰迂回貨物" 健闘の記録

日本海をバックに山陰本線を快走するＤＤ51 1802（愛）牽引の9080レ。当初はコキ6両、2両目にはタンクコンテナも連結　山陰本線三保三隅〜折居　平成30年9月2日　＜Ｊ＞

●名機の晩年に与えられた奇跡の任務

　平成時代最後の1年だった2018（平成30）年の初夏、台風7号の影響により6月28日〜7月8日にかけ、西日本を中心に甚大な災害をもたらした「平成30年7月豪雨」は、ＪＲ西日本管内の山陽本線、呉線、芸備線などで不通区間が続出。東海道本線から山陽本線の広島を経由し、九州方面へ直通する貨物列車は全便運休の事態となった。

　ＪＲ貨物は7月12日からトラックと船舶、

それとリレーする代替輸送を開始したが、鉄道による輸送力も確保するため、伯備線・山陰本線・山口線を経由する"山陰迂回貨物"の運行を計画。当局へは諸手続きを行ない、中国運輸局は該当路線に対し、8月22日にJR貨物へ第二種鉄道事業者の許可を、JR西日本には鉄道線路使用条件の設定を認可した。

運行に際してはJR西日本との連携・全面協力のもと、線路状況の確認、乗務員の訓練、機関車の手配などを急いだ。注目されたのは、迂回区間の機関車に愛知機関区のカマが遠征したことで、非電化区間が長い米子以西では勇退迫るDD51形が活躍。日本海の美景がバックの山陰本線、山紫水明の山口線など、往年の舞台にカムバックした奇跡の任務は、奇しくも日本の物流をつなぐ重責を担ったのである。

●迂回区間は岡山〜幡生間

"山陰迂回貨物"は名古屋（タ）〜福岡（タ）間に1日1往復の設定。運転開始は下りが8月28日の名古屋（タ）発、上りは8月30日の福岡（タ）発で、ダイヤは、下り名古屋（タ）発20時37分（1065列車）→福岡（タ）着・翌日23時37分（2073列車）、上り福岡（タ）発1時55分発（2070列車）→名古屋（タ）着・翌日7時40分（1064列車）。

迂回区間は、岡山（タ）〜＜山陽本線＞〜倉敷〜＜伯備線＞〜伯耆大山〜＜山陰本線＞〜米子〜益田〜＜山口線＞〜新山口〜＜山陽本線＞〜幡生（操）間。ダイヤは、下り岡山（タ）発3時47分（9081列車）→幡生（操）着21時15分、上り幡生（操）発4時34分（9080列車）→岡山（タ）着22時12分。迂回区間は

臨時貨物として扱い、編成両数は機関車1両、貨車（コキ）6〜7両の合計7〜8両。5tコンテナ積載可能個数は30〜35個。機関車は、岡山（タ）〜米子間が電気機関車（直流）EF64形1000番代、米子〜幡生（操）間はディーゼル機関車DD51形を使用。なお、関門トンネルを通過する幡生（操）〜北九州（タ）間は、門司機関区の電気機関車（交直両用）EH500形がDD51形（無動力）＋貨車の編成全車を牽引した。

（タ）＝貨物ターミナル。（操）＝操車場。

●DD51形の確保と回送

愛知機関区のDD51形の確保は、後継機DF200形との置き換えに関連して行なわれている。

2018（平成30）年3月17日のダイヤ改正で新設されたDF200形の運用は、諸般の事情で一部はDD51形が代走していたが、苦肉の策により7月25日からDF200形と交代。ここでDD51形を3両捻出し、857・1802・1804号機の3両を"山陰迂回貨物"用に充当することになり、門司機関区へ貸し出す格好で運用されることになった。

各機の回送は、稲沢（5090列車）→新鶴見（5085列車）→吹田西（2077列車）→岡山（タ）のコースで実施。東海道・山陽本線内は電気機関車の次位に連結した無動力で、岡山（タ）には8月21（857号機）・23（1802号機）・25（1804号機）日に到着。岡山（タ）→米子は運転開始から3日間のみ、EF64形1000番代＋DD51形（有火）の変則重連で牽引。8月29日に857号機、8月30日に1802号機、8月31日には1804号機が米子入りし、米子以西はDD51形の単機牽引で順次運用に就いたのである。

ＥＦ66 126（吹）が牽く
5085レの次位に連結され
無動力回送されるＤＤ51
1802（愛）　東海道本線
名古屋　平成30年８月23
日　＜Ｊ＞

岡山（貨）〜米子間はＥＦ64形
1000番代が牽引。側面には早期
復旧を願うステッカーを、国鉄
色のＥＦ64 1028号機には同様
のヘッドマーク（写真）も掲出
した　伯備線伯耆大山〜岸本間
を走る上り9080レ　平成30年
９月22日

ＤＤ51形には「迂回貨物」
と記した特別仕様の運用
札を掲出、安全運行を祈
願し大神山神社（鳥取県
米子市）の"お守り"入
りだった　平成30年９月
22日　＜Ｊ＞

●悪天候による運休も発生

　悲願の"山陰迂回貨物"は、官民および関
係者の努力により運転を開始した。しかし、
気象条件まではコントロールできず、悪天候
により同列車の遅延、果ては運休に追い込ま
れる日もあった。そうしたなかで９月１・
５・９・11日は、岡山と幡生（操）、途中駅

の新見などでも「24時間手配」による待機措
置がとられ、迂回区間は運休。機関車運用順
序（875号機→1802号機→1804号機）も検査
の都合上、一部期間で変動した。

　９月28日までの約１カ月間に運行されたの
は、下り27本・上り25本。ちなみに、上り最
終日の９月28日に9080列車を牽引したＤＤ51

米子駅で下り9081レに連結されるＤＤ51 857（愛）　平成30年9月23日

1802号機は、翌29日以降スグに岡山（タ）まで回送された。

●"山陰迂回貨物"の復活運転

山陽本線は懸命の復旧作業により、当初計画より早い9月30日から全線で運転を再開した。だが、台風24号がらみの豪雨でこの日、柳井〜下松間が不通となり、再度全線通し運転の見通しが立たなくなる。貨物列車も岩国〜新南陽間の運転ができなくなった。

そこで"山陰迂回貨物"が復活し、10月5日の下り列車から運行を再開。しかし、10月6日の迂回区間は、秋雨前線や台風25号の影響で24時間手配となる。岡山（タ）には愛知機関区へ返却待ちのＤＤ51 1802号機がいたが、同機はＥＦ64 1008号機が牽引する7日の9081列車の次位に連結され米子へ回送。米子以西は同列車を単機で牽引した。復活後の迂回区間の運行は7〜11日の5日間、1日1往復・上下合計10本にとどまり、下りは名古屋（タ）発10月10日、上りは福岡（タ）発10月11日をもって運転を終了している。

●ＤＤ51形の愛知機関区への返却

復活した"山陰迂回貨物"の最終日、10月11日に上り9080列車を牽引したＤＤ51 1802号機は、米子で前位にＥＦ64 1009号機を連結、ともに有火の変則重連で岡山（タ）へ。ここでしばらく待機後、10月17〜18日の上り貨物に連結され、無動力で愛知機関区に返却。

下り9081列車を牽引後、門司区に留置されていたＤＤ51 857号機と1804号機は、10月21日に1804号機、同25日には857号機を上り貨物に連結、無動力回送にて返却された。

☆　　　☆　　　☆

以上、"山陰迂回貨物"の牽引に遠征した愛知機関区ＤＤ51形の健闘の記録をまとめてみたが、次頁からはその活躍の勇姿をご覧いただこう。

西出雲間までは電化区間。架線の下を走るＤＤ51形の姿は関西本線と同じで違和感はなかった。ＤＤ51 857（愛）牽引の下り9081レ　山陰本線揖屋〜東松江　平成30年9月23日

国鉄形どうしの顔合わせ。宍道駅下り本線に停車中のＤＤ51 857（愛）牽引のトり9080レ、同駅通過の上り特急「やくも」22号を待避　平成30年9月22日＜Ｊ＞

●山陰本線　日本海をバックに愛知機関区のＤＤ51形が健闘！

　山陰本線に貨物列車が運転されたのは、約5年ぶりのこととか。走行区間は米子〜益田間だったが、日本海と“朱色の油機”のコラボレーションはすばらしかった。

山陰のなごやかな風景の中を西下するＤＤ51 1802（愛）牽引の下り9081レ　山陰本線小田～田儀　平成30年９月22日

コキの１・２両目は、どっしりとしたタンクコンテナを積んだ姿が印象的なＤＤ51 857（愛）牽引の上り9080レ　山陰本線田儀～小田　平成30年９月22日　＜Ｊ＞

青い海と"朱色の油機"のコラボレーション。海辺に点在する瓦屋根の建物が山陰の和みを盛り上げる。
ＤＤ51 1802（愛）牽引の上り9080レ　山陰本線敬川～波子　平成30年9月2日　＜Ｊ＞

コバルトブルーに輝く日本海をバックにＤＤ51 1802（愛）牽引の上り9080レが快走する　山陰本線仁万〜五十猛
平成30年９月２日　＜Ｊ＞

迂回貨物は太田市駅で上下列車が交換した。ＤＤ51 1802（愛）牽引の上り9080レ（左）とＤＤ51 857（愛）牽
引の下り9081レ　平成30年９月２日　＜Ｊ＞

雨上がりの朝、濡れた線路に砂を撒き、エンジン全開で分水嶺の田代トンネルをめざす。DD51 1802（愛）牽引の9080レ　山口線宮野〜仁保　平成30年9月2日　＜Ｊ＞

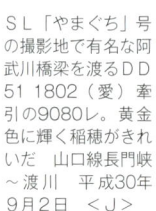

ＳＬ「やまぐち」号の撮影地で有名な阿武川橋梁を渡るＤＤ51 1802（愛）牽引の9080レ。黄金色に輝く稲穂がきれいだ　山口線長門峡〜渡川　平成30年9月2日　＜Ｊ＞

●山口線　山紫水明の山峡を"朱色の油機"が孤軍奮闘

　山口線は山越え区間が多く、当初コキは6両編成に抑えて運転した。その後、荷主のニーズに応え、9月11日の9081列車からは、わずかな余力を活かし7両編成に増結された。

　しかし、25‰の上り勾配が連続する宮野〜篠目間での上り9080列車は、ＤＤ51形の単機牽引では厳しく、降雨時は空転防止のため、大量の砂を撒き、エンジンをうならせながら田代峠に挑んだ。そのため10月7日以降の復活9080列車では、6両編成に戻された。

鍋倉の築堤を走るＤＤ51 1802（愛）牽引の9080レ。単機牽引ながら"朱色の油機"が健闘する姿は迫力があった
山口線鍋倉～徳佐　平成30年９月２日　＜Ｊ＞

高まるエンジンの響きを山間にこだまさせ、石見横田から梅月トンネルに続く峠を上るＤＤ51 1802（愛）牽引の
9080レ　山口線石見横田～本俣賀　平成30年９月２日　＜Ｊ＞

台風接近と秋雨前線の影響による「24時間手配」となり、山陽本線幡生（操）で待機中の迂回貨物上り9080レ。ＤＤ51 1802（愛）と115系の顔合わせ　平成30年9月1日　＜Ｊ＞

ＤＤ51 1802（愛）が先頭の迂回貨物。「24時間手配」により幡生（操）で待機中　平成30年9月1日　＜Ｊ＞

●山陽本線
国電との顔合わせも貴重な記録に

　山陽本線の新山口〜幡生（操）間は電化区間だが、機関車運用の都合上、ＤＤ51形が架線の下を幡生（操）まで直通した。同区間では国鉄型の近郊型電車115系などが活躍、昭和生まれの同世代との顔合わせは平成最後の貴重な記録となった。

幡生（操）で待機中に見られた115系3000番代（117系と115系の折衷型）とＤＤ51形の"すれ違いシーン"　平成30年9月1日　＜Ｊ＞

ＤＤ51形 未練！

優等列車も牽引したＤＤ51形の華やかな勇姿

　ＤＤ51形の名古屋地区での活躍はズバリ地味ではあったが、寝台特急「紀伊」を牽引し関西本線、紀勢本線を走った期間もあった。本章では「紀伊」を含め山陰本線の「出雲」、北海道新幹線の開業前まで道内で「北斗星」などの先頭に立っていた記録など、まだ記憶に新しく、今も脳裏に焼き付いているＤＤ51形の華やかな勇姿を回顧したい。

●寝台特急「紀伊」

　東京～紀伊勝浦間の急行「紀伊」が寝台特急に格上げされたのは1975（昭和50）年3月10日のダイヤ改正。東京～名古屋間は「いなば」（のちの出雲2・3号）と併結した。

　関西本線の名古屋～亀山間は稲一区のＤＤ51形、紀勢本線の亀山～紀伊勝浦間は亀山区のＤＦ50形が牽引。1980（昭和55）年9月29日以降、ＤＦ50形の引退で紀勢本線内は亀山区のＤＤ51形の牽引に変わる。ちなみに、名古屋駅には上り東京行きのみ営業停車したが、上下列車とも利用客が低迷し、1984（昭和59）2月1日改正で廃止された。

紀州路の難所「荷坂峠」に挑む亀山機関区（当時）のＤＤ51形牽引の下り「紀伊」　紀勢本線梅ケ谷～紀伊長島　昭和55年7月27日　写真：稲垣 光正

亀山機関区（当時）の機関車運用の都合でＤＤ51形の重連牽引となった下り「紀伊」　紀勢本線新鹿～波田須　昭和56年7月26日　写真：稲垣 光正

国鉄色のＤＤ51形が牽引するブルートレインは「出雲」が最後。餘部の旧橋梁を渡る光景はハイライトだった　山陰本線鎧～餘部　平成17年10月29日

積雪の香住駅に停車中の下り「出雲」。朱色が映えるＤＤ51形がヘッドマークを掲げ、特急仕業に就いた勇姿が懐かしい　平成18年3月5日　＜Ｊ＞

●寝台特急「出雲」

　国鉄色の原色ＤＤ51形がヘッドマークを掲げ、颯爽と走っていたのが寝台特急「出雲」。伝統の名列車で歴史も複雑だが、京都からは山陰本線を経由、晩年の運転区間は東京～出雲市間であった。山陰本線は非電化区間があるため、京都以西は後藤総合車両所（米子）のＤＤ51形が牽引。餘部橋梁を渡るブルートレインとして注目されていたが、2006（平成18）年3月18日改正で廃止された。

北の大地を疾駆した青い車体のＤＤ51形重連

　ＪＲ北海道の函館運輸所には2015年4月1日当時、青い車体のＤＤ51形500番代・全重連形が10両（1093・1095・1100・1102・1137・1138・1140・1141・1143・1148）配置されていた。おもな仕業は本州と北海道を結ぶ客車列車の函館以北の牽引で、寝台特急「北斗星」・「トワイライトエクスプレス」・「カシオペア」は重連。急行「はまなす」は原則、単機で運用された。その勇姿はＤＤ51形の晩年を飾り、レイルファンを魅了させたのである。

新緑の大沼湖畔を快走するＤＤ51 1148＋1143（函）牽引の下り「北斗星」　函館本線七飯〜大沼　平成26年7月24日

●寝台特急「北斗星」

　青函トンネルが開通した1988（昭和63）年3月13日改正で、東京と北海道を直通する列車として上野〜札幌間に新設されたのが寝台特急「北斗星」。24系客車のブルートレインで、当初は3往復の運転だったが、のち2往復に減り、2008（平成20）年3月15日改正では北海道新幹線の建設工事本格化で、津軽海峡線内の夜間工事間合い確保のため1往復に減った。その後、北海道新幹線の試運転が始まると、2015（平成27）年3月14日改正で定期運行を終了。同年4月2日からは「カシオペア」（後述）と交互に同じスジを使用し、2日

に1往復の臨時列車として運転を再開。しかし、北海道新幹線の開業を控え、札幌発2015年8月22日の上りをもって、27年間の歴史に終止符を打った。

室蘭本線の難所、礼文の新線区間をＤＤ51 1093＋1100（函）牽引の下り「北斗星」が疾駆する　室蘭本線礼文〜大岸　平成27年8月2日

駒ヶ岳をバックに大沼の景勝地を走るＤＤ51 1102＋1137（函）牽引の上り「トワイライトエクスプレス」函館本線大沼〜仁山 平成26年7月23日

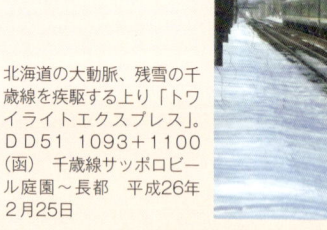

北海道の大動脈、残雪の千歳線を疾駆する上り「トワイライトエクスプレス」。ＤＤ51 1093＋1100（函）千歳線サッポロビール庭園〜長都 平成26年2月25日

●寝台特急「トワイライトエクスプレス」

関西と北海道を結ぶ寝台特急だったのが「トワイライトエクスプレス」。客車は24系だが"展望寝台車"を連結するなど「北斗星」以上に編成はグレードアップしたのがポイント。車体はグリーン系をまとい、大阪〜札幌間を"日本海縦貫線"経由で運転した。営業開始は1989（平成元）年7月21日からだが、当初は旅行会社の募集型企画旅行に組み込まれた団体列車扱いで、同年12月2日から臨時列車となり、その時から特急券・寝台券は一般発売されるようになった。しかし、北海道新幹線の試運転開始、北陸新幹線開業に伴う北陸本線の金沢〜直江津間の第三セクター鉄道化などを理由に廃止された。運行最終日は大阪・札幌発とも2015（平成27）年3月12日。

霜が降りた朝焼けの大沼湖畔を快走するＤＤ51 1148＋1138（函）牽引の下り「カシオペア」函館本線大沼〜七飯　平成27年12月14日

室蘭本線の複線電化区間を疾駆する下り「カシオペア」、ＤＤ51 1095＋1102（函）室蘭本線登別〜虎杖浜　平成26年8月24日 ＜Ｊ＞

●寝台特急「カシオペア」

前述の「北斗星」に続く上野〜札幌間を結ぶ寝台特急の第2弾。新造のＥ26系客車を投入し、全客室を2名用のＡ寝台個室とした高水準の豪華寝台列車。指定日に運転する臨時列車で、1999（平成11）年7月16日の上野発下りから営業運転を開始した。北海道新幹線の開業にからみ、"津軽海峡線"の海峡線（青函トンネル）区間の架線電圧変更（20ＫＶから25ＫＶ）などで、同線内の旅客列車を牽引する在来線専用の機関車がなくなるため、2016（平成28）年3月20日の札幌発上りをもって運行を終了。北海道新幹線開業日の同年3月26日改正で正式に廃止された。

朝日を浴びて札幌駅に進入するＤＤ51 1102（函）牽引の下り急行「はまなす」 平成28年3月10日

機関車運用の都合で重連となった急行「はまなす」。終着の札幌到着後、札幌運転所へ向かうＤＤ51 1093＋1102（函）牽引の同回送列車 函館本線琴似 平成26年8月22日

「はまなす」は原則として、ＤＤ51形の単機牽引。機関車・客車ともヘッドマーク・トレインマークを掲出していた。ＤＤ51 1095（函）牽引の下り列車 室蘭本線虎杖浜〜竹浦 平成27年8月2日 ＜Ｊ＞

●急行「はまなす」

　札幌〜青森間を直通する夜行急行として、庶民に愛されていたのが急行「はまなす」。青函トンネルを含む"津軽海峡線"の開通で青函連絡船は廃止されたが、好評だった同航路の深夜便の代替として、1988（昭和63）年3月13日改正で新設された。毎日1往復運転の定期列車で、客車は14系座席車と24系・14系寝台車の混結。晩年は自由席もある「ＪＲグループ最後の定期急行」・「最後の定期客車列車」として注目されていた。同列車も北海道新幹線開業の波にのまれ、2016（平成28）年3月21日の青森発下りが最終運行となり、同年3月26日改正で廃止された。

団体列車で北海道乗り入れを再開したＥ26系使用の下り「カシオペアクルーズ」、ＤＦ200-53（五）が牽く同列車。函館本線七飯〜大沼　平成28年7月3日（同系客車の道内運行は2017年2月26日の札幌発上野行きで終了）

陣屋町へ向かう勇退した函館所の青いＤＤ51形8両を牽くＤＦ200-63（五）函館本線森〜桂川（現・廃止）平成28年7月3日

●主役交代

　函館運輸所のＤＤ51形10両は、北海道新幹線開業に伴う本州直通列車の廃止に伴い、全車淘汰の運命を辿る。2015（平成27）年11月30日付けで1137号機、翌2016（平成28）年3月31日付けで1093・1095・1102・1141号機、同年4月30日付けで1100・1138・1140・1143・1148号機が廃車となり、室蘭本線の陣屋町（ＪＲ貨物の臨港駅）へ回送された。

　そのような状況下のなか、「カシオペア」に使用されていたＪＲ東日本のＥ26系客車による団体列車が北海道方面に運行されることが決まり、ツアータイトルを「カシオペアクルーズ」・「カシオペア紀行」と名づけ、2016年6月から旅行会社の募集型企画旅行で運行

を再開した。ＪＲ北海道は道内牽引の機関車をＪＲ貨物から借り、"津軽海峡線"内は海峡線（青函トンネル）も走行可能な複電圧のＥＨ800形、五稜郭以北はＤＦ200形が担当。両機の旅客列車牽引は初めてであり、かつ「カシオペア」を牽くという栄えある仕業は注目を浴びた。

　筆者も2016年7月3日に、下り「カシオペアクルーズ」を大沼付近で撮影したが、カメラをしまいかけた時、突如現れたのは、ＤＦ200形が勇退した青いＤＤ51形8両を牽引する陣屋町行きの臨時貨物。これぞ主役交代の貴重な1コマとなったが、シャッターを切ったあとの心は複雑だった。同列車はその後、森付近でも撮影し、最後の旅路を静かに見送った。

平成最後の奇跡
新旧名優の"特別ショー"
ベテランＤＤ51形と
新鋭ＤＦ200形の変則重連が実現！

ＤＤ51 857＋ＤＦ200-222が牽く油タキ（返空）臨8075レ。前補機ＤＤ51形が奮闘しＤＦ200形の力行は控えめ 関西本線永和～白鳥（信） 令和元年5月16日

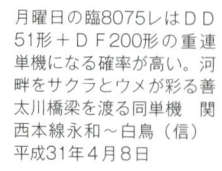

月曜日の臨8075レはＤＤ51形＋ＤＦ200形の重連単機になる確率が高い。河畔をサクラとウメが彩る善太川橋梁を渡る同単機 関西本線永和～白鳥（信） 平成31年4月8日

北海道ではＤＦ200形が廃車回送のＤＤ51形を牽引するシーンは見られたが、本州初のＤＦ200形活躍の舞台になった名古屋では、なんとＤＦ200形とＤＤ51形の有火・変則重連が実現したのである！

平成最後のＪＲダイヤ改正が2019（平成31）年3月16日に実施されたが、愛知機関区のＤＤ51形とＤＦ200形の運用にも変化があった。

目玉は、改正前までＤＦ200形の単機牽引

キハ85系の上り特急「(ワイドビュー) ひだ12号」と、"稲沢線"の変則重連ＤＤ51 825＋ＤＦ200-223の臨8075レが並走する　東海道本線枇杷島　平成31年3月22日

春爛漫の蟹江に新旧道産子の二重奏が聞こえてきた。ＤＤ51 1156＋ＤＦ200-220が牽く臨8075レ　関西本線蟹江〜永和　平成31年4月12日 ＜Ｊ＞

これぞ "新旧北海道重連"。旋回窓付きのＤＤ51 1156＋ＤＦ200-220が牽く下り重連タキ（返空）　関西本線八田〜蟹江　平成31年3月28日

だった下り石油列車（油タキ返空）＝塩浜行き臨8075列車が、機関車運用の都合で回送のＤＤ51形を四日市まで前補機として連結したこと。機関士は両カマに乗務し、稲沢→四日市間はＤＤ51形＋ＤＦ200形の変則重連となる。しかし、油タキは空のためＤＦ200形はほとんど力行せず、先頭のＤＤ51形が奮闘す

るので迫力がある。なお、ＤＤ51形は四日市で切り離され、折返し上りコンテナ列車2088列車を牽引する。

　愛知機関区のディーゼル機関車は新旧交代の過渡期。ベテランＤＤ51形と新鋭ＤＦ200形の共演は見ものだが、その重連は北海道では実現しなかった新旧名優の "特別ショー"

水田脇をアジサイが彩る初夏
の風情。ＤＤ51 1802＋
ＤＦ200-223重連が牽く下
り油タキ（返空）がやって来た
関西本線永和〜白鳥（信）
令和元年６月14日

日光川橋梁をＤＤ51 1802＋ＤＦ
200-220の下り重連単機がガタゴ
ト渡る　関西本線蟹江〜永和　令和
元年６月７日

ＤＤ51 1804＋ＤＦ200-216の重連タキ（返空）が海蔵川橋梁へ挑む築堤を疾駆する　関西本線富田浜〜四日市
令和元年６月４日

ともいえよう。ちなみに、北海道でのＤＦ
200形とＤＤ51形の変則重連は、ＤＦ200形が
前補機の試運転こそ行なわれたが、定期運用
は実現しなかった。

なお、注目の臨8075列車だが、土曜日はＤ
Ｆ200形の単機牽引、日祝日は運休、月曜は
重連単機回送となる確率が高い。

あとがき

「何だ、"デラックス デゴイチ"がついとるわ。残念……」。時はSL（蒸気機関車）末期の昭和40年代半ば、有終の美を飾るSLを撮影するため、長時間お立ち台で待っていたレイルファンが、がっかりした瞬間のひと言である。

非電化路線でも主役交代が加速していた頃、DL（ディーゼル機関車）の慣らし運転や乗務員の習熟運転を兼ね、本務機のSLの前に"朱色の油機"DD51形を連結した変則重連は各地で見られた。"デラックス デゴイチ"とは、当時のレイルファンがいつしか呼称するようになった"鉄チャン用語"。SLの標準機"デゴイチ"ことD51形の後継機に位置づけられたDD51形だが、頭文字のDLを表す「D」をデラックスと読替え、"目の敵"をほめ殺した「あだ名」でもあった。

ところで、国鉄最後のSL列車は1975（昭和50）年12月24日、北海道の夕張線（現：石勝線の一部、夕張支線は2019＜平成31＞年4月1日廃止）を走ったD51形 241号機牽引の夕張発追分行き貨物列車（6788レ）。最期の煙は、翌1976（昭和51）年3月2日まで追分機関区に入換用として残っていた9600形3両である。

時代は流れ、DD51形は非電化路線の無煙化に貢献し、四国を除く全国各地で活躍。かつての"目の敵"は日常生活に溶け込み、貨物列車はもちろん優等列車の先頭にも立つ。JR移行後は種々オリジナル塗装車も登場し、JR北海道の同機は車体をブルーでまとい、寝台特急「北斗星」・「トワイライトエクスプレス」・「カシオペア」を重連で牽き、北の大地を颯爽と走っていた。私もそれに魅せられ何度か北海道を訪れたが、北海道新幹線の新

函館北斗開業を控え、2016（平成28）年3月16日改正前までに見納めとなった。

このような状況下でもあり、DD51形に愛着を深めていた私は地元、愛知機関区のカマが活躍する東海道本線の貨物線の"稲沢線"～関西本線の"四日市貨物"に目を向けた。それまでも地元の動向は可能な限り記録してはいたが、春夏秋冬、駅間ごとの特色を活かした光景も残そうと思った。気がつけば、DD51形の本線定期運用が存在するのは同区のカマだけとなり、当時はまだ重連も残り、ファンの注目度は全国区に上昇していた。

その後、DD51形の重連は消滅したが、2019（平成31）年3月16日改正ではDD51形＋DF200形の変則重連が出現。この運用は主役交代の過渡期を飾る"特別ショー"となったが、DD51形の稼働車も数両に減り、その勇姿が見られるのは風前の灯である。

ちなみにDD51形の活躍は、私が社会人になってからの期間と重なるが、はじめは"鉄"に疎まれても責務を全うした功績はすばらしく、「鉄道」と"鉄"の隔たりを実感した。永訣の日はそんなに遠くはないが、その日まで温かく見守り、昭和の名優に拍手を送りたい。

本書の企画・出版に際しては、交通新聞社非常勤顧問の鳥澤誠氏、第1出版事業部のN氏とI氏に格別のご高配を賜った。また、貴重な写真の一部は諸先輩らからご提供いただき、"親子鉄"を続けてきた息子の耕治には撮影協力を仰いだ。関係各位に敬意を表し、拙文のむすびとしたい。

2019（令和元）年7月吉日

徳田 耕一

[著者プロフィール]

徳田耕一　Tokuda Kouichi：

交通ライター。1952（昭和27）年、名古屋市生まれ。名城大学卒業。名古屋駅の近くで生まれ育ち、今も居住する生粋の名古屋人。周囲の環境から鉄道に興味を抱き、半世紀にわたり名古屋都市圏の鉄道の動向を記録してきた。旅行業界で活躍した経験もあり、実学を活かし観光系の大学や専門学校で観光学の教鞭をとり、鈴鹿国際大学（現：鈴鹿大学）など複数校では客員教授も務めた。また、旅行業が縁で菓子業界とのパイプもでき、製菓会社で観光土産の企画や販路開拓にも活躍。総合旅行業務取扱管理者、総合旅程管理主任者、鉄道旅行博士、はこだて観光大使（函館市）。主な著書に『名古屋駅物語』・『名古屋鉄道　今昔』・『名古屋発　ゆかりの名列車』（交通新聞社新書）、『117系栄光の物語』・『パノラマカー栄光の半世紀』（ＪＴＢパブリッシング）、『まるごと名古屋の電車　ぶらり沿線の旅』シリーズ（河出書房新社）、ほか多数。ちなみに、本書はこれらの50作目となった。

[写真協力]

秋元隆良、伊藤禮太郎（※）、稲垣光正、奥野和弘、加古卓也、加藤弘行、塚本雅啓、平井由夫（以上は五十音順、故人の生前中に提供を受け著者が所蔵）
徳田耕治＜Ｊ＞

[主な参考文献]

『まるごと名古屋の電車　激動の40年』（拙著／河出書房新社）
『まるごと名古屋の電車　ぶらり沿線の旅、ＪＲ・近鉄ほか編』（拙著／河出書房新社）
『鉄道ピクトリアル』（鉄道図書刊行会）、『鉄道ファン』（交友社）、『鉄道ジャーナル』（鉄道ジャーナル社）、『鉄道ダイヤ情報』（交通新聞社）各号
『国鉄型車両ラストガイド4　ＤＤ51形』（交通新聞社）
『ＪＲ貨物ニュースリリース』
『交通新聞』、『中日新聞』ほか

※取材・執筆・編集には万全を期しましたが、万一誤認、誤述がございましたら、ご指摘、ご指導を賜れれば幸甚です。

ＤＪ鉄ぷらブックス 028

ＤＤ51形　輝ける巨人

2019年8月7日　初版発行

著　　　者：徳田耕一
発　行　人：横山裕司
発　行　所：株式会社交通新聞社
　　　　　　〒101-0062
　　　　　　東京都千代田区神田駿河台2-3-11
　　　　　　NBF御茶ノ水ビル
　　　　　　☎ 03-6831-6561（編集部）
　　　　　　☎ 03-6831-6622（販売部）

本文ＤＴＰ：パシフィック・ウイステリア
印刷・製本：大日本印刷株式会社
　　　　　　（定価はカバーに表示してあります）